獻給李婉菁（1962-2017）

二人相憶，二憶念深，如是乃至，從生至生，同於形影，不相乖異。
　　　———《大佛頂首楞嚴經‧大勢至菩薩念佛圓通章》

瑞士國花 Edelweiss
劉順仁攝於瑞士阿爾卑斯山區馬特洪峰海拔 2,300 公尺處

財報 就像 一本兵法書

結合財報與《孫子兵法》，
有效淬煉商業智謀

劉順仁 著

「問責與領導」系列叢書 2

目次

緣起——把「問責」練成絕招

　　「會計」（accounting）是工具，「問責」（accountability）是目的；以「會計」培養能「問責」的領導人才（accountable leaders），是「會計」教育的目標。何謂「問責」？簡單來說，問責是「誠信無欺，創造價值；忠於所謀，為所當為；拿出辦法，交出成果」。而「會計」是以數字作為工具，協助組織做出成果、溝通成果。「問責」無法透過抽象的觀念來理解，必須在真實的組織、豐富的情境、複雜的行為中，用心衡量思辨。

　　台灣大學會計學系由 2018 年 8 月起，開始推動「培育問責領袖計畫」（Growing Accountable Leaders Project）。此計畫的第一步，是出版「問責與領導系列叢書」，將一般人望之生畏的會計學知識，轉化為明白易讀的文字、生動活潑的故事、及深入淺出的經營管理智慧，讓讀者可以充分消化吸收，把「問責」練成絕招。

「問責」四層面

「問責」的實踐,建立在四個不同層面的「問」。

- 自問:誠信利他,創造價值,責無旁貸。
- 問他:有智有謀,有體有用,有巨有細。
- 被問:有憑有據,有短有長,有形無形。
- 互問:有人有己,有偏有全,有疑有解。

當您讀完此書之後,請回顧這「四問」,當能心領神會。

五式練一招

要深入透徹任何學問,進而把一招練成絕招,「中庸」所闡述的「五式練一招」,依然歷久彌新:

博學之,審問之,慎思之,明辨之,篤行之。有弗學,學之弗能弗措也;有弗問,問之弗知弗措也;有弗思,思之弗得弗措也;有弗辨,辨之弗明弗措也;有弗行,行之弗篤弗措也。人一能之,己百之。人十能之,己千之。果能此道矣,雖愚必明,雖柔必強。

練「問責」這一招的「五式」，分別是：

博學：財報是企業共同的語言，透過財報可以廣泛學習各行各業的經營管理。看自己、看顧客、看競爭對手、看顧客的顧客、看競爭對手的競爭對手，日積月累自然能夠博學。

審問：針對每一個財報數字，都要審慎的問：這個數字背後的經濟意涵是什麼？可能的衡量誤差有多大？什麼人在什麼時候會造假扭曲？

慎思：針對每一個由許多數字所形成的「財報故事」，都要謹慎的思考：這個故事的情節是否邏輯合理、前後一致？這個故事沒有說出來的假設條件是什麼？這個故事在短、中、長期裡可能的發展是什麼？最壞的發展又是什麼？

明辨：明確的比較辨別，是商業智謀的開端。明辨自己過去的財報故事與現在的財報故事；明辨自己的財報故事與顧客或競爭對手的財報故事。在諸多明辨中，培養根據事實獨立判斷的思辨能力。

篤行：透過財報數字檢驗所採取的行動方案是否有效。有

效，繼續精進發展；無效，迅速檢討改正；不確定，持續
警醒驗證。

　　而這「五式」，要靠現代數位科技才能發揮的淋漓盡致。曾經，
「會計智慧」（Accounting Intelligence）是最古老的 AI，會計學
學位早就在全球各個大學中被頒發。如今，「人工智慧」（Artificial
Intelligence）是最先進的 AI，而全球第一個「人工智慧」學位，
2018 年才由在美國以資訊科學著稱的卡內基梅農大學（Carnegie-
Mellon University, CMU）正式設立，未來想必更加普遍。

　　可以預見，要能緊密結合最古老 AI 與最先進 AI，才能真正地
把「問責」練成絕招。

自序——用財報淬煉《孫子兵法》

　　把「問責」練成絕招——在「問責」這套武功中，最重要的一招，是以誠信為本的「商業智謀」（商業智慧與謀略，英譯為 business acumen）；而提昇「商業智謀」的有效途徑，是用財報淬煉《孫子兵法》。

　　財報就像一本兵法書，它是創業家與經理人淬煉商業智謀的戰場，投資人解讀商業智謀的舞台。誠信與利他，是財報的根，商業智謀的魂；紀律與創新，是財報的骨、商業智謀的幹；真實的經營成果與經濟生態圈的全勝，是財報的目標，商業智謀的桂冠。在企業經營中，非財報無以深入理解《孫子兵法》，非《孫子兵法》無以具體淬煉商業智謀。

　　本書中所謂的「財報」，是財務報導（financial reporting）

的簡稱，它包括財務報表（financial statements）、年報（annual reports）、法人說明會報告，及其他策略性或例行性的財務及業務報告（例如每季營收及獲利揭露等）。有「商業智謀」的經營管理者，才有辦法迅速掌握企業全貌，洞悉產業競爭生態，想出足以取勝的攻防之道，進而為企業創造獨特價值。

本書主張，培養「商業智謀」的最具體方法，是以《孫子兵法》為思考架構，以財務報導為分析工具及案例來源。

財報修煉三層次

人類在求生存的考驗中體會到：個子小，打架要練拳法；資源少，競爭要懂兵法；變化快，決勝要用最高明的兵法。而古往今來最高明的兵法，就是《孫子兵法》。在企業經營管理中，若能善用《孫子兵法》，可以把失敗的機會降到最低，把勝利的機會提到最高，把贏者圈的範圍擴到最大。《孫子兵法》的高明，是跳脫自我狹隘的短期勝利，追求競爭生態圈（eco-system）與利益攸關人（stakeholders）共同的、長期的勝利，這叫做「全勝」。

2015 年 12 月，我第一次在台灣大學與復旦大學聯合 EMBA 學程中開設「財報與《孫子兵法》」課程。最常聽見的疑問是：「財報與《孫子兵法》有什麼關係？」我總是笑著回答：「財報與《孫

子兵法》是天作之合，財報是《孫子兵法》的千古知音。」這本書
希望能告訴您為什麼。

具體而言，財報透過由淺入深的三個層次，闡述《孫子兵法》
的精髓：

1. **財報就像一本文法書**：財報就是企業經營、競爭的歷
   史記錄。要了解它，必須先了解各個會計科目的定義，
   以及財報種類與結構等知識，這些是基本功。

2. **財報就像一本故事書**：財報中每一個數字，背後都有
   一個經營管理與市場競爭的故事。透過閱讀財報，讀
   者必須把產生這個數字的前因後果重建出來，像是訴
   說一個完整合理的故事。例如，企業獲利持續成長，
   是刺激股價上升的最重要原因。而為了刺激股價，經
   理人可能透過浮濫的賒帳，造成營收及獲利大幅成長。
   但因此產生的惡果，是應收帳款大幅增加且回收週期
   過長，因而產生現金周轉不靈的風險。而通常這些浮
   濫的應收帳款，很容易變成壞帳，造成未來的巨額虧
   損。像這種故事，不斷地在企業的財報中出現。關於
   第一與第二個層次的財報修煉，詳見《財報就像一本
   故事書》（第三版，時報出版，2018）。

3. **財報就像一本兵法書：**學習由兵法的角度看財報，是本書的重點。財報顯現企業經營者的氣度與格局，描述著企業對未來的布局規畫，也記錄了企業一場場攻防成敗的戰果。

　　財報與《孫子兵法》是天作之合，還有另一個非常獨特的原因。財報是管理學科中，唯一把人類的不誠信行為作為重要研究主題的學問。財報在歷史上的起源，就是要處理「作假帳」對籌措資金帶來的困擾。而這種困擾始終沒有解決，甚至隨著資本市場規模的擴大，變得更加嚴重。為此，財報還發展出「鑑識會計」（Forensic Accounting）這個流派，以犯罪偵查的角度，來處理財報中可能的作假舞弊。《孫子兵法》一開始就強調「兵者，詭道也」（始計篇第一），指出如何看穿他人的作假，是兵法的重點之一。

向競爭對手學習創造價值

　　孫子對急於求勝者，毫不客氣的當頭棒喝：「不盡知用兵之害者，則不能盡知用兵之利也。」（作戰篇第二）把《孫子兵法》應用到企業經營上，最大的誤解及最深的禍害，就是只想打敗甚至殲滅競爭對手。相反的，企業學習兵法真正的重點，其實是和競爭對手一起「同修」，學習如何為顧客創造價值。請看以下一個有趣的案例。

幾年前，台大 EMBA 同學組織了一個歐洲產業參訪團，第一站是拜訪著名的法國精品公司香奈兒（Chanel）。香奈兒也派出資深行銷副總裁負責接待與簡報，以示慎重。在簡報中，一位 EMBA 同學舉手，問了一個自認為頗有水準的問題：「請問香奈兒如何因應全球精品產業龍頭路易威登（LVMH）的競爭？」出乎意料之外，這位香奈兒主管一臉疑惑的反問：「請問路易威登是一家什麼樣的公司，我怎麼從來沒有聽說過？」所有人當場愣住，場面有點尷尬。一陣沉默之後，這位主管笑著說：「我是開玩笑的。在我們這一行，有誰會不知道路易威登呢？」接著，他轉為嚴肅的說：「但是，路易威登從來就不是我們的競爭對手。我們不會因為路易威登搞砸了就變好，也不會因為路易威登大好而變壞。香奈兒唯一的憂慮，是喪失為顧客創造獨特價值的能力。」事實上，香奈兒和路易威登互相學習、良性競爭，兩家公司都非常成功。它們不僅讓法國在全球精品市場上稱霸的地位更加穩固，也保障其背後龐大的產業供應鏈業者的富裕，這就是「全勝」（軍形篇第四）。

　　競爭（competition）常被誤解為敵對（rivalry）。「競爭」一詞，源自於拉丁文的「competere」。com 是字首，意思是「一起」；petere 的意思是「尋找」。也就是說，競爭的原意其實是「共同尋找」（seek together），就是「同修」。同修什麼？就是同修創造獨特價值之道。舉例來說，在瑞士洛桑的奧林匹克博物館，一進門矗立著一片大理石石牆，上面寫著象徵奧林匹克精神的三個拉丁字：CITUS（快一點）、ALTIUS（高一點）、FORTIUS（壯一點）。

這就是競爭的原始意涵：一群最優秀的運動員一起互相切磋，如何跑快一點、如何跳高一點、如何變壯一點。在變化速度越來越快的商場中，如何讓研發跑快一點、業績跳高一點、公司變壯一點，也是所有經營者日夜思考的事。

《孫子兵法》的應用，不在於消滅對手，而是透過互相學習，創造更大的價值。否則，過度限於狹義的競爭中，反而會失去為顧客創造獨特價值的聚焦。

復興《孫子兵法》重視「數量化」的傳統

本書並不是一套完整的「財報版」《孫子兵法》註釋，而是探索一個嶄新的思考方向，學習用《孫子兵法》來啟發自己的智慧。孫子說：「兵無常勢，水無常形。」（虛實篇第六）能因應市場需求靈活變化，才不會變成死讀書。

為什麼財報和《孫子兵法》是天作之合？因為《孫子兵法》的理念，從一開始就不是抽象的思考，而是以具體的量化數據（quantitative data）來指導決策與行動，並用以預測成敗勝負。目前全球先進國家，在評定軍事演習中兩軍勝負時，《孫子兵法》這個計量的傳統仍然保持不墜。

然而，當《孫子兵法》被應用在企業經營時，幾乎都變成屬質性的（qualitative）、觀念上的（conceptual）討論，計量的傳統幾乎蕩然無存，非常可惜。在企業經營中，如何取得大量數據，復興《孫子兵法》重視「數量化」分析決策的傳統呢？由於財報數量化呈現資訊的本質，自然是最理所當然的工具，與《孫子兵法》真是天作之合。

　　《孫子兵法》中的計量精神，隨處可見。例如：

1. 《孫子兵法》一開始提就提出「道天地將法」五大決勝因素，並強調「多算勝，少算不勝。」（始計篇第一）然而，最大的挑戰是如何把「道天地將法」轉換成攸關企業的觀念，然後賦予它們數量化的意涵。本書將在第四章中加以討論。

2. 《孫子兵法》中強調，必須先精確計算發動戰爭所需的各種物資，所謂「馳車千駟，革車千乘，帶甲十萬」（作戰篇第二），以求迅速決勝；這分明就是一部戰爭的成本會計學。而成本的優勢或劣勢，如何具體的以數據顯示，進而預測企業經營的成敗？本書將在第五章加以討論。

3. 雖然「知彼知己」（謀攻篇第三）是《孫子兵法》中耳

熟能詳的名言，但要如何變成具體的分析方法，始終是一大挑戰。在本書中的分析中，承襲著《財報就像一本故事書》（時報出版，2018）開啟的傳統，主要呈現企業間各層面財報數字或比率的長時間比較，並進一步討論財報背後更深層的經營管理邏輯，讓「知彼知己」成為一套可以具體落實的方法論。

擁抱數位科技的未來趨勢

如果孫子誕生在這個時代，他必然要極力主張擁抱及專精數位科技，以作為提升商業智謀的工具學。例如，2016 年亞馬遜（Amazon）本身線上供應貨品就已高達 1,200 萬種，如果再加上和其他企業串連起的互聯網供貨系統，其線上可下單的品項居然高達三億種。此種龐大的品項規模，以及背後必須進行的複雜經營管理決策（訂價、倉儲、物流等），若非透過先進的資訊科技工具（例如大數據及有效的運算法），絕對無法運作。

因此，對於未來的問責領袖，正蓬勃興起的商業智能與資料分析（business intelligence and data analytics）領域，將是必須具備的核心能力，也會是未來會計學教育發展的最重要趨勢。

孩子，商業智謀是要你們更幸福

最後，請讀者一同欣賞本書封面及封底的畫作。這是一個十歲小女孩的作品，標題分別是「別人眼中的我」及「被小提琴抓住的我」。

對於封面，小女孩說道：「別人看到的是那個明亮的我，但還有一個不明亮的我，是別人看不到的。」對於封底，小女孩說道：「我有一雙翅膀，想飛向太陽，但小提琴抓住我，讓我飛不起來。」

這張半邊臉金黃、半邊臉深紫的小女孩自畫像，與這張小女孩因為被學習拉小提琴限制了自由，略顯憂鬱的素描畫，讓我陷入深思。

本書提倡「透過財報學習《孫子兵法》，透過《孫子兵法》追求全勝」。但這種深刻的商業智謀，最終目的難道不是為了替天真無邪的孩子們，創造一個更美好的社會，提供一個更幸福的生活嗎？

放下自我意識的束縛，學習以他人（顧客、競爭對手、顧客的顧客、競爭對手的競爭對手）的眼光看待自己，其實正是《孫子兵法》最核心的修養。小女孩的畫作，以天真但直接的方式，以明暗強烈對比的大膽色彩，提醒我們要深思「別人眼中的我」。

解除過去經驗的制約，讓創意「無窮如天地，不竭如江河」（兵勢篇第五），是動態競爭中經理人最重要的核心能力。在小女孩的素描中，小提琴伸手環抱讓小天使「插翅難飛」的景象，令大人們驚艷於童稚心靈中天馬行空的想像力。

　　所以，請千千萬萬不要忘記孟子的提醒：「大人者，不失其赤子之心也。」（《孟子‧離婁下》）讓企業經營的成功，成為孩子們幸福的來源；讓孩子們自由奔放的心靈，激勵我們以創造力豐富企業的價值。

　　以下，就讓我們開始一個結合財報與《孫子兵法》，學習提升商業智謀，落實「問責」使命的旅程。

Part 1 歷史舞台篇

1972 年 4 月，在中國山東省臨沂銀雀山，發掘出兩座漢代古墓，墓葬中發現了用竹簡寫成的《孫子兵法》和《孫臏兵法》。千百年來，「孫武」和「孫臏」究竟是不是同一個人的史學爭論，就此正式結束。應該可以確定，司馬遷在《史記・孫子吳起列傳》中的敘述是正確的：《孫子兵法》的作者，是春秋晚期吳國著名的大將孫武；而孫臏是孫武的後代，是戰國時期齊威王及齊宣王父子兩朝的軍師。孫武以《孫子兵法》中所揭示的戰爭哲學與原理聞名後世；而孫臏雖並非以兵法著作傳世，但他活用兵法原理，創造出許多足智多謀的經典戰役。本書將融合兩位「孫子」的思想精華，作為淬煉商業智謀的思考架構，並討論如何進一步實踐「問責」。

　　然而，兵法畢竟是人的思想產物。人若無法突破性格上的盲點與執著，進而擴大自己的胸懷與格局，終究會局限兵法所能發揮的效益。

因此，讓我們先回顧歷史舞台上醞釀《孫子兵法》的人物與時空背景。《孫子兵法》由孫武年輕時的初稿，發展到現在我們所見的定稿，其中必然包括孫武經歷戰爭慘烈經驗的思想轉折。對此揣測，並無充分史料可資佐證。因此，敬請讀者包容我「任性」的發抒我讀《孫子兵法》後天馬行空的想像。

第一章

剛戾忍詢——性格與格局

　　要真正了解孫武，就必須先了解他的好友及長官 —— 吳國上將軍伍子胥（生年不詳，死於西元前 484 年）。

　　「剛戾忍詢」，是伍子胥的父親伍奢臨死前對兒子性格的描述。剛，是有力量而不易被折斷。戾，是彎曲身體；字型是狗從房門底下鑽出去，代表為了達到目的，「當狗」或「鑽洞」都在所不惜。詢，就是辱；忍詢就是忍辱。根據伍子胥的性格，伍奢預測「楚國君臣且苦兵矣。」事實上更慘，楚國不僅「苦兵」，而且幾乎亡國。

　　伍子胥伐楚的軍事行動，孫武全程參預。孫武看見伍子胥為報私仇，在楚國做了最糟糕的占領行為，結果勝敵後不僅不能益強，

反而嚴重削弱自己的實力。孫武更看見，打贏幾場漂亮的勝仗，只是鏡花水影。因為主帥及君王性格的缺陷及格局的不足，戰場上的勝利，終究無法扭轉吳國亡國的命運。我相信，《孫子兵法》深沉的智慧，來自於孫武人生所遭遇及目睹的重大挫折。我體悟，孫武在告誡後人：無法克服性格缺陷，學不成上乘兵法；不能擴大思想格局，做不出恢宏事業。我聽到，孫武在訓誡我們：欲學兵法，先修己心，剛戾忍詢，心偏事敗。

烈丈夫伍子胥

復仇的怒火，支配了伍子胥的一生。司馬遷感嘆的說：「怨毒之於人甚矣哉」，並稱呼伍子胥為「烈丈夫」，說得真好。伍子胥身世「慘烈」，復仇「壯烈」，下場「悲烈」。以下，就是這位「烈丈夫」的故事（《史記·伍子胥列傳》）。

伍子胥家族歷代都是楚國重臣，他的父親伍奢擔任楚平王太子的老師。楚平王太子的另一個老師無忌，被指派到秦國迎娶一位貴族之女當太子妃。無忌為了巴結平王，出了一個餿主意，他告訴楚平王：「準太子妃容貌極美，大王不妨占為己有，太子妃再另外物色。」好色的平王被說得心動，果真霸占了兒媳婦，並且極為寵愛，生了一個兒子，就是後來的楚昭王。而拍馬屁有成的無忌也因此離開太

子，成為平王的寵臣。無忌害怕太子即位後對自己報仇，就開始不斷地在平王面前造謠，中傷太子想要造反，伍奢站出來聲援太子，被無忌誣陷為太子謀反一黨。

平王下決心殺太子及其黨羽，並且以伍奢作為人質，招喚他的兩個兒子伍尚（老大）及伍子胥（老二）來朝廷。伍奢對兒子的個性很了解，他對平王說：「伍尚個性仁弱，會乖乖自投羅網，但伍子胥個性『剛戾忍詬』，成能大事，一定不肯白白送死。」果然不出伍奢所料，兄弟兩人明知這是個圈套，但大哥不忍心為了求生而讓父親獨死，於是束手就擒，把為全家報仇的任務交給了二弟伍子胥。伍子胥於是展開逃出楚國的復仇之旅。

一個被剝奪一切的楚國逃犯，要如何為家族報仇呢？以一人對抗一國，這是何等可怕又可敬的決心。

伍子胥極有耐心，一點都不急躁。首先，他摸清吳國的公子光有奪取王位之心，於是介紹了刺客「專諸」給他。專諸以一把藏在魚肚中的短劍，刺殺吳王僚成功，讓公子光正式繼位，成為吳王闔閭。為了建立一個強大的復仇國家，伍子胥向吳王推薦了孫武當高級將領。為了削弱楚國的實力，伍子胥連年出兵騷擾楚國邊境，楚國先是疲於奔命，後來逐漸相信吳國只是騷擾掠奪邊境，並無真正大軍

進攻決戰的意圖，於是防備漸漸鬆懈。伍子胥最後才集結重兵，給予楚國致命的一擊，忍功真是了得。

伍子胥率領吳軍攻陷楚國首都後，因為楚平王已死，於是下令挖掘其墓，鞭屍 300 下，來發洩心中的憤恨。他的老朋友申包胥質問他：「臣子這樣對待自己曾侍奉過的君王，豈不是太過違背天理了？」伍子胥回答說：「我不知道自己還有多少日子可以活，我寧可選擇倒行逆施！」

「倒行逆施」這四個字，說明了伍子胥對楚國的破壞和傷害。《吳越春秋》（東漢趙曄所著，史實的可信度較差）甚至記載，吳國在攻破楚國之後，吳王娶了楚昭王的王后，大將孫武也娶了楚國重臣的夫人，君臣一起盡情的羞辱楚國人民。「倒行逆施」激起了楚國上下的羞愧憤怒，造成最後吳國伐楚軍事上的失敗。身為上將軍，伍子胥「剛戾忍詢」的個性，以及傾吳國之力替自己報仇的私心，嚴重背離「問責」。

烈國君吳王闔閭

要了解孫武，還必須了解他的「老闆」吳王闔閭。在司馬遷心裡，吳國是個非常特別的國家。在《史記》中，記載諸侯歷史的部分稱為「世家」；吳國以一個邊陲小國，居然在「世家」中排名第一，

為什麼呢？因為吳國的創立，有一個無私動人的故事。吳國的創立者叫吳太伯，他是周太王的大兒子，季歷排行老三。季歷很賢明，還生了德才出眾的兒子名昌（即周文王）。周太王打算立季歷為後，以便把王位傳給孫子昌，太伯為了完成父親的心願，避居到東南方的荊蠻之地，隨著當地人的風俗割去長髮、在身上刺滿花紋，表示自己不會再回華夏爭奪王位。

吳國傳了第十九代後的國王叫壽夢（見圖1-1），壽夢有四個兒子，分別是老大諸樊，老二餘祭，老三餘昧，老四季札。季札最

圖 1-1　烈國君闔閭

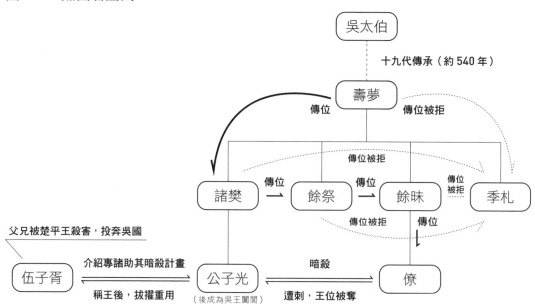

賢能，壽夢本想直接傳位給他，但小兒子堅持不受，最後還是讓老大諸樊繼位。諸樊體貼父親遺願，以兄傳弟方式傳位，本想終究能讓季札即位，沒想到一路傳到老三餘昧過世，季札還是堅持不肯接位，因此最後由餘昧的兒子繼承王位，就是吳王僚。這件兄友弟恭的美事，在此開始變調。老大諸樊的兒子公子光（後來的吳王闔閭）不服氣，認為王位應該輪回老大家族才對，於是如何復位就變成公子光的目標。伍子胥看穿公子光的野心，便協助他展開弒君奪權的計畫（如上節所述）。

當滅楚功敗垂成後，吳國又起兵伐越，越王勾踐迎擊，吳王闔閭的腳趾在戰鬥中被砍傷，後來因創傷發作而死。闔閭臨死前立太子夫差為王，並問夫差：「你會忘記你父親是被勾踐殺的嗎？」夫差說：「不敢忘！」以下夫差伐越報仇，勾踐臥薪嚐膽復國的故事，大家耳熟能詳，不再贅述。

吳王闔閭臨死前也被復仇的烈火所掌控，亦說不上符合國君的「問責」之道。

歷史上最血腥的應徵面談

因為伍子胥的強烈推薦，孫武晉見了吳王闔閭。這次會面，是歷史上最血腥的應徵面談。這次會面，充分顯示了孫武的個性和

格局，無怪乎司馬遷在《史記・孫子吳起列傳》中做了大篇幅的描述。

孫子名武，齊國人。因為精通兵法，得以晉見吳王闔閭。闔閭說：「你寫的《孫子兵法》十三篇，我都看過了，寫得好。但是你能當場為我表演一下實際操練部隊嗎？ 孫武說：「可以。」闔閭說：「可以試用在婦人身上嗎？」孫武回答說：「可以。」於是闔閭選了一百八十位宮中美女供孫武調遣。

孫武將她們分為兩隊，讓吳王的兩個寵姬當隊長，叫宮女們都手執長茅。孫武問她們：「你們都知道自己的心口、左右手和後背在甚麼地方嗎？」 宮女說：「知道。」孫子說：「等我發令向前，你們就朝著你們心口所對的方向前進；我說向左，你們就朝著左手的方向轉；向右，就朝著右手的方向轉；向後，則朝後背轉。」宮女們都說：「好。」

孫武規定完畢，就把軍中懲辦犯令者的刑具釜、鉞都擺了出來，又把剛才講過的動作要領反覆講了幾遍。說罷，孫武擊鼓叫宮女向右，宮女們都只是哄然大笑而站著不動。孫武說：「這一次沒做好，是我還沒有把規定講清楚，沒把軍法要求講明白，這是我的責任。」於是他把剛才宣布

過的規定又講了幾次，而後擊鼓使之向左，宮女們仍是嘻笑不動。孫武嚴肅的說：「規定講的不明白，軍法講的不清楚，這是將軍的責任；如果這些都已經講清楚了，而動作不合規定，那就是官兵的責任了。」於是準備處決兩個隊長。這時，正在台上觀看的吳王，一見孫武要斬殺他的愛姬，大驚失色，趕緊派人下來對孫武說：「我已經知道你善於用兵了。如果沒有這二位愛姬，我連飯都吃不下去，希望能不處決她們。」

孫武說：「我既然已經接受命令當了您的將軍，將軍在行伍之中，可以不接受君王的命令。」說罷硬是把兩個寵姬殺了，還把她們的人頭拿到隊伍前面巡行示眾。接著，孫武又重新選派了兩個隊長，繼續操練。這次大家都緊緊跟隨著孫武的鼓點，該前該後該左該右該跪該起，一切都謹遵規矩，沒人敢再嘻笑了。

於是孫武派人去報告吳王：「隊伍已經操練整齊，大王可以下來看看，現在您怎麼命令她們都可以。」吳王不高興的說：「將軍回去休息吧，我不想下去看了。」孫武說：「您這只是喜好書面上的文章，而不能把它付之於實踐。」這句話震撼了吳王，闔閭於是真正相信孫武善於用兵了。

年輕的孫武，可以果斷的犧牲兩位無辜的妃子，只為了證明自

己的軍事才能。晚年的孫武，歷經過戰場上生命巨大無謂的傷亡，也目睹好友伍子胥勸戒吳王夫差滅越不成，反而慘死的種種劇變。《孫子兵法》定稿時的孫武，充滿了慈悲心。

慈悲心生大智慧

許多人認為《孫子兵法》只是求勝的工具學，大錯。《孫子兵法》之所以遠勝於其他兵法，在於它背後有深刻的慈悲心。因為有慈悲心來啟發智慧，《孫子兵法》才會發展出「不戰而屈人之兵」（謀攻篇第三）的高超智謀。以下，是一段段充滿慈悲心的文字。

孫子描述智謀不足的將領，驅使士兵像螞蟻一樣的爬梯攻城，死傷超過三分之一仍攻城不下的慘狀，令人為之動容。

故上兵伐謀，其次伐交，其次伐兵，其下攻城……將不勝其忿，而蟻附之，殺士三分之一，而城不拔者，此攻之災也。（謀攻篇第三）

孫子認為，為了作戰勝利，國家進行了人力、財力、物力的總動員，甚至要動用間諜這種非常手段來蒐集情報。在這種生死存亡關頭，還捨不得花錢重賞間諜來刺探敵情，以快速取勝，孫武痛罵這種將領或國君，沒有慈悲心到了極點（「不仁之至也」）。

凡興師十萬，出征千里，百姓之費，公家之奉，日費千金。內外騷動，怠于道路，不得操事者，七十萬家。相守數年，以爭一日之勝，而愛爵祿百金，不知敵之情者，不仁之至也，非民之將也，非主之佐也，非勝之主也。（用間篇第十三）

孫子認為像戰爭這種後果慘烈的大事，不論是做最後決策的國君，或者是戰場上領兵的將領，都不能因為自己的憤怒和情緒而開戰。

主不可以怒而興師，將不可以慍而致戰。（火攻篇第十二）

深刻的認知性格缺陷

《孫子兵法》深入的分析將領的五種性格缺陷，以及所造成的危險。

第一種是勇不畏死，這就可能被敵人誘殺。
第二種是貪生怕死，這就可能被敵人俘獲。
第三種是暴躁易怒，這就可能被敵人欺騙。
第四種是廉潔好名，這就可能因為被敵人羞辱而失去理智。

第五種是過分地愛護民眾，這就可能使我軍煩勞陷入被動。

> 故將有五危：必死，可殺也；必生，可虜也；忿速，可侮
> 也；廉潔，可辱也；愛民，可煩也。凡此五者，將之過也，
> 用兵之災也。（九變篇第八）

若非對於性格缺陷有深刻認識，說不出這種一針見血的話。而儒家的經典《大學》中，對於「正心」的修煉，也有相同的看法。

> 身有所忿懥（即憤怒），則不得其正；有所恐懼，則不得
> 其正；有所好樂，則不得其正；有所憂患，則不得其正。
> 心不在焉，視而不見，聽而不聞，食而不知其味。

2017 年，芝加哥大學理查‧塞勒（Richard H. Thaler）教授以對行為經濟學（behavioral economics）的開創性研究，獲得諾貝爾經濟學獎。太多行為經濟學的案例顯示，當決策者心存偏見時，面對資訊會做出相當偏誤的判斷；而偏頗的個性更會造成「視而不見，聽而不聞」的謬誤。

最後，請再聆聽一次孫武對我們的告誡：無法克服性格缺陷，學不成上乘兵法，不能擴大思想，做不成恢宏事業。

參考資料

1.　吳仁傑，2007，《孫子讀本》，三民書局。
2.　《史記新譯》，三民書局。
3.　黃仁生註譯，1996，《新譯吳越春秋》，台北市：三民書局。

第二章

上下都尢──用人與用兵

出現在歷史舞台上的第二位孫子，是孫武的後代，晚孫武一百多年的孫臏。《孫臏兵法》在班固《漢書‧藝文誌》中雖有記載，但東漢以後失傳千餘年。1972 年，當《孫臏兵法》由漢代古墓出土後，雖然經過學者專家整理校訂，並已正式出版問世，但鮮為人知。孫臏的軍事謀略能夠廣為流傳，主要是靠著司馬遷透過生花妙筆為他所寫的傳記。由《史記‧孫子吳起列傳》中，我們可以一窺孫臏如何活用兵法原理，創造出許多場經典戰役。我把孫臏的謀略所啟發的財報智慧，歸納為「上下都尢」四個字，將在本章中加以介紹。

此外，孫臏的謀略能在歷史舞台上演出，是因為碰上了一位

好老闆——中國戰國初期最著名的君王齊威王（在位時間為西元前356年到西元前320年）。齊威王啟發我們：用人之道，先於用兵之道。識人及用人功力不佳的君王，未戰已經可以預知失敗。這個道理，在企業經營管理中，一樣適用。

照千一隅，此則國寶

「照千一隅，此則國寶」是一句美妙的智慧之語。它的大意如下：「傑出的人才，就算只在一個小角落（一隅），他的光亮（影響力），也可以照耀到千里之外；這樣的人才，才是國家真正的寶貝。」而有這種知才、惜才、用才格局的國君，因為人才充沛，才容易在戰場上取勝。「照千一隅，此則國寶」的典故，出自戰國時期齊威王與魏惠王一次言辭上的交鋒。

齊威王24年（西元前356年），齊威王和魏惠王在郊外相會打獵。魏惠王也常被稱為梁惠王，因為他把魏國首都遷到大梁（今河南開封）。魏惠王問齊威王說：「大王，您有寶物嗎？」齊威王說：「沒有。」魏惠王說：「像魏國這樣的小國，還有十顆直徑一寸，能照亮前後十二輛車的夜明珠當做國寶；為什麼擁有超過一萬輛兵車的齊國，反而沒有寶物呢？」齊威王說：「我所認知的寶物和你所認知的不同。我的大臣中，有一位名叫『檀子』，我派他

去鎮守南城，楚國人就不敢進犯一步，並且泗水流域的十二國諸侯都來向齊國朝拜。我的大臣中有一位名叫『盼子』，我派他去鎮守高唐，趙國人就不敢再到他們東境的黃河中捕魚。我的大臣中有一位名叫『黔夫』，我派他鎮守徐州，於是燕國的人到徐州的北門祭祀，趙國人到徐州的西門祭祀，祈求天神保佑他們的國土安全，並且燕、趙人民搬到徐州投奔黔夫的就有七千餘家。我的大臣中還有一位名叫『種首』，我派他在國內防備盜賊，於是齊國被治理得路不拾遺。這樣的寶物幫我照亮了千里國土，又何止是照亮十二輛車呢？」魏惠王聽了以後很慚愧，悶悶不樂的離開了齊國。（《史記‧田敬仲完世家》）

魏惠王雖然說魏國是小國，但這是自謙之詞，魏國當時其實是一個可以和齊國並肩爭霸的強國。然而齊威王和魏惠王格局的大小及視野的寬窄，由上文中一目瞭然。

其實，這兩位野心勃勃的國君，在日後戰場上兵戎相見之前，已經先進行了一場人才爭奪戰。這就是歷史上著名「孫臏與龐涓」的故事。

孫臏曾經與龐涓一起學習兵法（但他們的老師不能確定是不是鬼谷子）。後來龐涓在魏國做了魏惠王的將軍，他知道自己的才能比不上孫臏，於是就派人悄悄地把孫臏招到魏

國來。孫臏來到魏國首都大梁後，龐涓忌恨他，怕他超過自己，於是編造罪名，誣衊孫臏犯法，砍掉孫臏的兩隻腳，同時在他臉上刺了字，想讓他永無出頭之日。

後來，齊國的使者來到大梁，孫臏就以一個罪犯的身分，悄悄地求見齊國使者，對齊國使者有所進言。齊國使者覺得孫臏是位奇才，便把他藏在馬車裡，偷偷地帶到齊國。齊國大將田忌非常賞識孫臏，田忌經常和齊王的公子們下大賭注賽馬。孫臏看到田忌家的馬比公子們的馬實力略遜一籌，在把馬分為上、中、下三等的競賽規則下，實在難以取勝。於是孫臏對田忌說：「下回賽馬，您可以儘管下大賭注，我包您能贏。」田忌相信孫臏，便約齊王和諸公子們賽馬，並下了千金的賭注。臨到比賽時，孫臏對田忌說：「您用您的下等馬跟他們的上等馬比賽，用您的上等馬對付他們的中等馬，用您的中等馬對付他們的下等馬。」就這樣，三場比賽過後，田忌一負二勝，贏了千金。於是，田忌更加驚艷，就把孫臏推薦給齊威王。齊威王和孫臏談論了一回兵法後，很是佩服，隨即尊奉孫臏為齊國軍師。（《史記・孫子吳起列傳》）

齊威王 26 年（西元前 354 年），齊威王和**魏惠王**在「桂陵之役」（今河南長垣）中第一次交手。戰場上廝殺的背後，其實是孫臏與龐涓軍事智謀的交鋒。這個戰役，產生了「三十六計」中的第

二計 —— 圍魏救趙。

> 魏國攻打趙國，趙國形勢危急，向齊國求救。孫臏向主帥
> 田忌建議：「現在魏國出兵攻打趙國，他們的精銳部隊都
> 調到外面去了，國內留下的都是一些老弱殘兵。你不如率
> 軍奔襲魏國國都大梁，佔據它的交通要地，衝擊它守備空
> 虛之處，魏軍必然要撤兵回來自救。這樣，我們便一舉兩
> 得，既為趙國解了圍，又叫魏兵疲於奔命。」田忌採納了
> 這個方略。魏軍果然放棄邯鄲回師救援大梁，而田忌在魏
> 國的桂陵截擊魏軍，把魏軍打得落花流水。（《史記・孫
> 子吳起列傳》）

在《孫臏兵法》中有「擒龐涓」章節，記載龐涓在「桂陵之役」中被孫臏俘虜，透過戰後的外交斡旋才被釋回魏國。然而，司馬遷並沒有採信此種說法。

此外，**魏惠王**除了錯失孫臏外，另一個錯失的人才是商鞅。商鞅尚未成名之前，擔任**魏**國宰相公叔座的侍從。公叔座病危時極力推薦**魏惠王**重用商鞅，甚至建議如不能用，就殺了商鞅，以免他為別國所用。**魏惠王**認為公叔座已經病到頭腦不清楚了，才會要他將國家重任託付給年輕又沒有治國經驗的商鞅，因此既不重用商鞅，也沒殺了商鞅。商鞅後來抵達秦國，在秦孝公全力支持下，進行歷史上著名的「商鞅變法」，徹底改造了秦國的體質，奠定了秦國在

戰國時代稱霸的基礎。魏惠王不能知人用人，同時錯失戰國時代最傑出的軍事幕僚與治國文臣，未上戰場勝負已分。

孫臏的第二任老闆是齊宣王（西元前 350 年－西元前 301 年），在他統治期間，魏惠王第二次和齊國交手。在著名的「馬陵之役」（西元前 342 年，今河南范縣）中，孫臏把他的軍事智謀發揮的淋漓盡致。

魏與趙聯合攻韓，韓國向齊國告急。齊王又讓田忌為將，帶兵救韓。田忌率軍直撲大梁，魏將龐涓聞訊後，急忙從韓國撤兵，趕回魏國東境阻擊齊軍。但這時齊軍已經越過邊界，進入魏國腹地了。孫臏對田忌説：「魏國人以剽悍勇猛著稱，素來瞧不起齊國人，認為齊兵膽小。善於作戰的人，就是要將計就計，因勢利導，引誘他們上當。兵法上不是説過嗎，每日行軍百里趕去和敵人爭利的，就會折損自己的上將；每日行軍五十里與敵人爭利的，部隊也會減損一半。我們就按造這個思想來麻痺他們，我軍進入魏境的頭一天，在營地上安排給十萬人做飯的灶爐；第二天安排給五萬人做飯的灶爐；第三天只安排給三萬人做飯的灶爐。」龐涓追趕齊軍一連三天，並且注意觀察齊軍的營地。龐涓高興的説：「我早就知道齊國人是膽小鬼，進入我國境內才三天，開小差的就超過一半了。」於是，龐涓下令甩掉步兵，只帶著一隻輕裝的騎兵晝夜兼程地追趕齊

軍。孫臏估計到天黑時，魏軍可以趕到馬陵。馬陵道路狹窄，兩旁地勢險要，可以埋下伏兵。於是孫臏叫人把路邊的一棵大樹削去樹皮，在露出白木之處寫著「龐涓死於此樹之下」。然後調集萬餘名善射的齊兵，隱伏在山路兩旁，告訴他們：「天黑以後，只要看見有人點火把，你們就一起放箭。」當天夜裡，龐涓果然帶兵進入馬陵道，來到這棵大樹下，他看樹上彷彿寫著甚麼，於是叫人點起火把來照看，結果樹上的字還沒看完，兩旁埋伏的齊兵已萬箭齊發，魏軍一下子亂成一團。龐涓知道大勢已去，自己沒有任何勝算，只好拔劍自殺了。臨死前他又恨又氣的說：「這下子可成就了孫臏這小子的名聲！」齊軍乘勝追擊，徹底打敗了魏軍，並且俘虜了魏國太子申，凱旋而歸。（《史記·孫子吳起列傳》）

此段「馬陵之役」的描寫，和「財報」有兩處關聯：

1. **孫臏和《孫子兵法》都強調數量化思考**：孫臏與孫武都非常重視思考的數量化，因為如此才能進行嚴密的規劃。在上述故事中，有些數字是直接出現的，例如：「每日行軍**百**里……行軍**五十**里……進入我國境內才**三**天，開小差的就超過**一半**了。」而有些數字則是間接出現，例如：「孫臏**估計**到天黑時，魏軍可以趕到馬陵。」此處孫臏的估計，就是在進行數量化的思考，

表面上看不到數字，但其實有數字，乃是斟酌龐涓輕裝備軍隊的行軍速度所做的綜合判斷。由於財報正是商業活動數字化的呈現，因此財報與《孫子兵法》的連結，其實理所當然。

2. **孫臏和《孫子兵法》都重視「詭道」的存在**：所謂「兵者，詭道也。」（始計篇第一）在馬陵之役中，孫臏在軍隊「進入魏境的頭一天，在營地上安排給十萬人做飯的灶爐；第二天安排給五萬人做飯的灶爐；第三天只安排給三萬人做飯的灶爐」──這就是「詭道」。龐涓其實也是個使用資訊的高手，他用竈的數目作為觀測敵方人數與士氣的指標。由竈的數目推斷軍隊數目（真相），本來就會有衡量誤差；但碰到孫臏這個絕頂高手，由於瞭解龐涓的思考模式，故意提供扭曲決策的資訊（作假），誘騙龐涓做出錯誤的決策。

財報是由許多數字所組成，而財報數字的結構，由以上案例可以表達如下：

財報數字＝經營真相＋衡量誤差＋故意作假

利用財報數字來呈現「經營真相」，並且盡量降低「衡量誤差」是「正道」；以財報數字來「故意作假」，是「詭道」。遺憾的是，

「詭道」本來就是資本市場中無法避免的現實（請參考《財報就像一本故事書》第十二章中的許多案例）。我們不要行「詭道」，但不能不深刻的了解「詭道」。

此外，在財報中，「詭道」可以有更寬廣、更中性的解釋。廣義的「詭道」，不一定是作假騙人、造成他人的經濟損失，它可能是提醒我們「不能天真的直接陳述事實」。例如，在公司的法人說明會中，有些提問的目的其實是策略性的套話（如客戶的訂單）。公司執行長雖然不能欺騙法人，但也不能完全坦白揭露（請參考《財報就像一本故事書》第十四章，探討台積電如何準備法說會）。

「上下都亢」的思考架構

孫臏對商業智謀的啟發，可以歸納成「上下都亢」的思考架構。

何謂「上下」

所謂的「上下」，完整的說法其實是指「上駟、中駟、下駟」。它源於前述《史記・孫子吳起列傳》中，孫臏所發展出來「以己下駟對彼上駟，以己上駟對彼中駟，以己中駟對彼下駟」的戰法。這一招簡單巧妙，賽馬整體實力較差者，按照原來的比賽規則，本來

是三場皆輸的結果，但因為資源巧妙的配置，反而變成二比一獲勝。

　　兩千多年來，這一招啟發了弱者面對強敵如何取勝的智謀。一般認知的弱勢方（下駟），要集中全力在自己的優勢項目（產品或服務），用以攻擊強勢方（上駟），目的是透過聚焦創造局部優勢，以求取勝利。「下駟」累積許多小勝，逐漸提升體質，最後可能翻轉局面，反而成為「上駟」。而原來的「上駟」，往往忽略小敗的後果，體質逐漸衰弱，最後變成「下駟」，甚至破產滅亡。（詳見第四章中沃爾瑪〔Walmart〕與凱瑪特〔Kmart〕的競爭。）

　　在企業的競爭中，要如何衡量「上駟、中駟、下駟」呢？最簡單的方式，是利用財報上有關於規模的數字，例如年度營收或者資產的大小；但也可以結合財報與資本市場資訊，例如企業的市場價值（公司流通在外的股票數量乘以每股股價）。然而，「上駟、中駟、下駟」的非財報衡量，往往是決勝的先行指標（leading indicators），雖然較為主觀，但非常重要。例如，企業領導者格局的大小和意志的強弱、公司商業智謀的優劣、企業團隊士氣的高低等等。很常見的情況是，在財報衡量上的「下駟」（例如中小企業），在企業家精神與商業智謀層面上，其實是「上駟」。而在財報衡量上的「上駟」（例如大型企業），在企業家精神與商業智謀層面上，常常已經是僵固退化的「下駟」。在長期競爭中，非財報衡量的「上駟」最後終將勝出，成為名符其實可以用財報衡量的「上駟」。

此外，《史記》中事件的背景是賽馬，所以區別「上駟、中駟、下駟」的標準是馬的速度。但如果背景換成奧林匹克馬術競賽（Equestrian）中的障礙跳躍（jumping），要求選手騎著馬，按照規定路線，以一定順序跳過十二到十五個障礙物（水池、模擬石牆等），在這種情況下，區別「上駟、中駟、下駟」的標準，就不是速度，而是人馬合一的障礙跳躍能力。再者，騎士和馬匹面對「競速」和「障礙跳躍」不同比賽項目，訓練的方法也大不相同。類比到公司的經營管理，如果公司原本的關鍵能力是高超的成本控制能力，以及隨之而來的低價銷售，那麼在強調提升顧客整體消費經驗的時代（例如資訊的搜尋與回饋，郵遞運送的速度與方便），由於經營重點的改變，「舊上駟」可能會水土不服，失去過往的競爭優勢，淪為「新下駟」。

何謂「都亢」

所謂「都」，原意為國君居住的地方。在企業經營中，「都」可以引申為整個決策機制：包括決策者（個人或團隊決策）、決策過程（如預算必須正式三讀通過，或以非正式方式決定預算）、決策標準（是否採用正式的投資報酬率計算）等等。

所謂「亢」，原意為人的頸部，因為頸部有輸送血液的大動脈，是性命交關所在。在企業經營中，「亢」可以引申為關鍵資源或關

鍵部位。

在上述「孫臏鬥龐涓」的過程中，孫臏在桂陵之役及馬陵之役，連續兩次都使用攻擊「都」（魏國首都大梁）的戰略，逼迫龐涓放棄原來已經快要攻占的目標。而「亢」可理解成是軍隊的兵力（關鍵資源）。孫臏利用扭曲自身關鍵資源的狀態（軍隊做飯的灶爐數量連續三天減少），誘導龐涓對自身的關鍵資源做出錯誤的分配（甩掉步兵，只用輕裝騎兵快速地追趕齊軍）。

在《史記‧刺客列傳》荊軻刺秦王的故事中，荊軻也曾運用「都亢」的戰略，不過偏向於心理戰。當秦國大將王翦攻破趙國，大軍逼近燕國南方邊境時，燕國太子丹催促荊軻趕快出發，執行刺殺計畫。荊軻冷靜的分析道：「就算現在出發，如果燕國投降之心無法取信於秦王，也無法接近他」。為了接近秦王，荊軻準備的誘餌有：

1. 秦國叛將樊於期的頭顱：這是要滿足秦王對叛將的私憤。

2. 燕國「都亢」地圖：把燕國政治中心（都）與關鍵險要（亢）的資訊，透過地圖全部揭露，以此顯示燕國歸降的誠意。

就這個心理戰而言，荊軻是成功的，他藉此取得近距離接觸秦

王的機會；至於後續刺殺失敗，則是另一個問題。

攻擊「都亢」的戰術，在現代戰爭中仍經常被運用。例如，在 1991 年的第一次波斯灣戰爭中，美軍所發射的第一波戰斧巡弋飛彈，攻擊的目標就是是伊拉克的指揮控制中心（例如雷達站），這就是「都」；另一個優先的目標，是伊拉克對以色列發射飛毛腿飛彈的設施，這就是「亢」。

以經營管理而言，企業短期中最明顯的「亢」就是現金流量，一旦被切斷，就會立刻陷入危機，類似疾病中的心肌梗塞。而企業長期中的「亢」，就是接班人才；接班人才的培養，十年、二十年的努力都未必能夠成功，更何況是沒有長期的計畫與制度。沒有優秀的接班人才，企業終究走向衰弱或滅亡，類似疾病中的慢性病。

「易經乾卦」中的上下馴定位

另外一種思考「上馴、中馴、下馴」的方法，是參考《易經》的「乾卦」。「乾卦」可以代表企業主動性的成長力量，而在企業成長過程中有六個不同位置（如圖 2-1），可區分為「下馴」、「中馴」及「上馴」三種類型。

圖 2-1 「易經乾卦」是成長地圖——成長心態、時機、作為

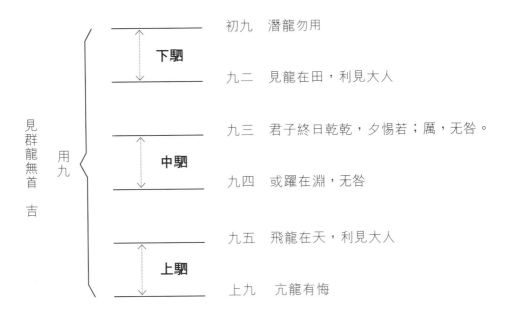

初九　潛龍勿用

下馴

九二　見龍在田，利見大人

九三　君子終日乾乾，夕惕若；厲，无咎。

中馴

九四　或躍在淵，无咎

九五　飛龍在天，利見大人

上馴

上九　亢龍有悔

用九

見群龍無首 吉

下馴（處於初九及九二兩個位置）

初九：潛龍勿用

- 白話翻譯：「龍潛伏著，不宜有太明顯作為。」

- 企業經營意涵：對於基礎尚不穩定，競爭力還不夠堅強的新創企業，適合低調地發展自己的利基，並且避免太早遭遇產業領導者具殺傷力的競爭。例如聯發科（MediaTek）

創業初期的主力產品是光碟機晶片，其目的是避開英特爾（Intel）個人電腦晶片主力產品及其產品發展方向（product roadmap）。這種「離英特爾愈遠愈好」的策略，是高明的商業智謀，其精神就是「潛龍勿用」。

九二：見龍在田，利見大人。

- 白話**翻**譯：「龍出現在地面上，適宜見到大人。」

- 企業經營意涵：當企業累積相當的實力之後，開始在市場上嶄露頭角、形成口碑。此時當某個大客戶給予一張大訂單或提供一個大機會後（即「利見大人」），該企業就會有急速的成長，跳躍到另一個層次。

中駟

九三：君子終日乾乾，夕惕若；厲，无咎。

- 白話**翻**譯：「整天勤奮不休，晚上還戒惕謹慎；有危險，但沒有災難。」

- 企業經營意涵：企業成長到一個階段後，會面臨需要進行體質的提升。例如建立完整嚴謹的財務、內控系統；建立策略規劃及重大投資評估的正式機制；建立現代化的資訊系統等等。這個過程表面上看不到明顯收穫，卻是日後躍升的重要階段，必須持續努力精進。

九四：或躍在淵，无咎。

- 白話翻譯：「或往上躍升，或留在深淵，沒有災難。」

- 企業經營意涵：此時企業的規模已經相當大，成為所謂的「區域性重要廠商」（regional player）。但必須累積動力向上躍升，才能真正成為全球性企業（global player）。例如台積電在半導體產業中，就曾經走過這個階段。

上駟

九五：飛龍在天，利見大人。

- 白話翻譯：「龍飛翔在天空，適宜見到大人。」

- 企業經營意涵：在企業氣勢最旺之時，有大客戶的大訂單及源源不絕的新客戶新訂單，一切看起來順遂無礙。1990 年代的沃爾瑪、2014 年之後的亞馬遜，就處在類似的階段。在財報上，可以看到營收、獲利、現金流快速成長；在資本市場上，可以看到市場價值急速上升。

上九：亢龍有悔。

- 白話翻譯：「龍飛得太高，已經有所懊悔。」

- 企業經營意涵：企業達到成長的頂峰之後，或因為心生傲慢，或因為大環境發生變化，或因為有破壞性創新的競爭者出現，企業開始出現成長的瓶頸，甚至開始衰退。目前的沃爾瑪，就約略處在這個位置。而會「心生傲慢」，有可能是對競爭對手的財報資訊因為「看不懂」，而「看不起」。本書第五章中討論這種認知上的誤解。「亢龍」有可能找到一個新事業的契機，又由「潛龍」重新出發，循環不已、生生不息。但也有許多「亢龍」從此一蹶不振，被市場淘汰。

用九：見群龍無首，吉。

- 白話翻譯：「就乾卦整體而言，沒有首腦是件好事，吉祥。」

- 企業經營意涵：這句話有許多不同解釋，其中一個有趣的解釋，是指企業內人才濟濟，沒有強力的領導人（群龍無首）也無妨。這樣的公司，既能傳承既有事業，又能開枝散葉，衍生出許多新創公司，真是經營上的大吉大利。在這種解釋下，群龍無首是公司人才培育上的最大成就。

《孫子兵法》的財報結構

《孫子兵法》可以和財報緊密結合，我將它整理成以下的架構（圖2-2），在隨後的章節中再一一加以討論印證。圖2-2中有關「攻

圖 2-2　財報的兵法結構

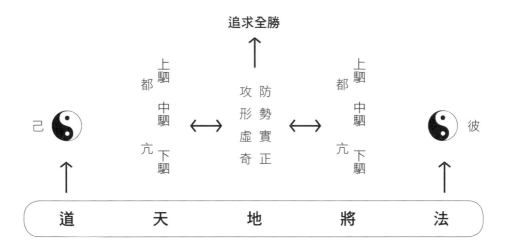

防」、「形勢」、「虛實」、「奇正」、「道天地將法」等抽象觀念，其實都可以有具體的財報衡量方式，進而成為提升商業智謀的工具。例如：企業經營中有現金意涵的交易是「實」數（購買土地、廠房、設備），而各種為了計算企業損益所創造出來的調整數或估計數（折舊費用、壞帳費用……等）則是「虛」數。無論是在企業經營實務中，或是在資本市場評估企業市場中，都是「虛」與「實」並重，才能做出正確的決策。

最後，《孫子兵法》對我們最大的啟發，是必須用他人的角度來看事情，用他人的思考模式來想事情。做到「縮小自我、擴大他人」，達到高度的客觀性。有了這種客觀性，再加上有能夠深刻體會顧客說不出口需求的「慈悲心」，就是企業最好的人才。而人才中的人才，叫做「人傑」（漢劉邦語，《史記・高祖本記》）。財報數字是工具，能愛惜人才，網羅人傑，才是企業長期興盛的最重要原因。

參考資料

1. 傅佩榮，2011，《樂天知命：傅佩榮談易經》，台北：天下遠見。
2. 韓兆琦注譯，2008，《新譯史記》，三民書局。

Part 2 商業智謀篇

具備卓越商業智謀的領導人，有以下四個特質：

1. 對於決定企業生死存亡的議題，有快速敏銳的警覺與認知。

2. 能迅速理解企業全盤現狀，面對複雜且不確定的未來能夠深思定位及對策。

3. 能注意每個決策背後對競爭生態的深層影響，例如：短期 vs 長期、直接 vs 間接、有形 vs 無形。

4. 具備果斷的決策與執行能力，對於錯誤與失敗能迅速察覺，並且有彈性的做出取捨、重新布局。

而商業智謀對於企業最大的價值，是能創造積極追求成長的心態（growth mindset）。更具體而言，商業智謀能讓企業領導人：

1. 對於「誰是顧客」及「如何創造顧客獨特價值」(unique value)，有細膩與深刻的認知，並以此作為創新的引導。
2. 讓企業各個部門更能理解如何透過協同合作，創造更美好的顧客經驗，並提升為企業創造價值的執行力。
3. 創造合理的產業競爭生態，產生更大的「全勝」贏者圈。
4. 培養企業各層面更多「器大識深」的接班人，成為未來左右企業興亡的人才與人傑。

然而，卓越的商業智謀必須建立在真誠的企業倫理上，才能相輔相成、可長可久。

在〈商業智謀篇〉中，將以大量的具體案例配合豐富的財報圖表，來闡述《孫子兵法》中的重要觀念和分析方法。

第三章

死生之地，存亡之道——先處戰地而待敵者逸，後處戰地而趨戰者勞

英特爾前總裁葛洛夫（Andy Grove, 1936-2016），被公認是 20 世紀最傑出的企業領袖之一。葛洛夫對一個「問責領袖」（accountable leader）應該如何「自問」，有以下極為傳神的寫照：

> 我擔心產品會不會搞砸，我擔心產品是不是太早推出。我擔心生產線績效不好，我擔心生產線數量太多。我擔心沒有用對人，我擔心他們士氣低落。當然，我也擔心競爭者。我擔心他們想出比我們做的更好或做的更便宜的方法，搶走我們的客戶。但這一切，比起我對「策略轉折點」（strategic inflection points）的擔心，都變得黯然失色。

葛洛夫所謂的「策略轉折點」（如圖 3-1），指的是當產業發

展到一定程度，會面臨一個全面性的環境變化，若能抓住這個轉折點，企業有機會一飛衝天，但如果不能覺知轉折點的到來、或者因應不當，企業就會走向衰敗甚至滅亡。並且，在「策略轉折點」中開始下滑的公司，鮮少能夠回到過去的榮景。葛洛夫這一番「自問」，道盡古今中外成功領袖的共同心態，那就是「先天下之憂而憂，後天下之樂而樂」（范仲淹，《岳陽樓記》）。

在圖 3-1 中，橫軸是時間。然而，葛洛夫並沒有具體定義縱軸為何。它可能是財報指標（例如營收），也可能是非財報指標（例如市場飽和度）。

圖 3-1　葛洛夫「策略轉折點」示意圖

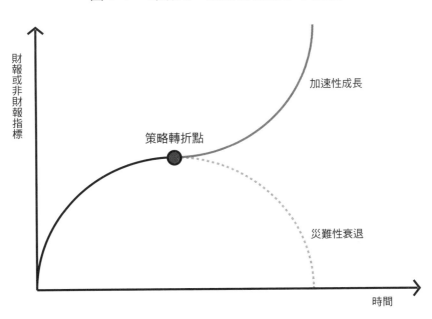

葛洛夫深刻的「自問」，直指《孫子兵法》令人震撼的開場白：

兵者，國之大事，死生之地，存亡之道，不可不察也。（始
計篇第一）

只要要把「兵」改成「競爭」，「國」改成「英特爾」，「死
生之地」改成「策略轉折點」，其餘字句不變，那麼《孫子兵法》
這段話完全可以描繪葛洛夫企業經營的思維。而作為一個「問責領
袖」，葛洛夫知道他最重要的工作是──「如何在策略轉折點到來
時，提出有效的存亡之道。」

當然，如果領導人在策略轉折點到來之前，就能想好「存亡之
道」，這自然更好，但這實在太難。《孫子兵法》中有句話非常發
人深省：

先處戰地而待敵者逸，後處戰地而趨戰者勞。（虛實篇第
六）

一般的解釋，是指作戰部隊如果能先到達戰場，就可以取得「以
逸待勞」的優勢；相對的，如果太晚到達戰場，便只能被動的因應
戰場形勢，自然會非常疲憊。由葛洛夫「先天下之憂而憂」的情懷
來看，領導人最重要的並不是「人」先到戰場，而是「心」要先到
戰場。「策略轉折點」的認知，經常是事後聰明，很難事先預測。

領導者只有用「心」持續深思未來戰場（市場）的種種可能風貌，
當策略轉折點真正來臨時，才可能迅速的認知與反應。

「策略轉折點」也可以看成「心態轉折點」。例如，亞馬遜執
行長傑夫‧貝佐斯（Jeff Bezos）把嚴守創業初衷的心態稱為「Day
1」。而亞馬遜的初衷有二：

1. 為投資人創造長期價值（It's all about the long-
   run）。
2. 沉溺於滿足顧客需求（obsess over customers）。

嚴守初衷，讓亞馬遜得以保持以豐富消費者體驗為中心的創新
能力。而偏離初衷的心態，貝佐斯把它叫做「Day 2」。「Day 2」
就是停滯不前，接著就是與市場脫節，再接著就是難以忍受、極端
痛苦的衰退，接著就是死亡。

值得我們深思的是，「策略轉折點」一詞出自自葛洛夫的名著
《唯有偏執狂存活》（Only the Paranoid Survive）。葛洛夫「偏執
狂」（paranoid）這個字，用得重、用得好；貝佐斯「沉溺」（obsess）
這個字，也是用得重、用得好。這兩位傑出的企業領導人，都以接
近「精神病」的字眼，彰顯「用心」的強度和深度，真是令人敬畏
佩服啊！

一體感的產生——天下興亡，匹夫有責

創業家在創業過程中經常面對生死存亡的挑戰，很容易體會《孫子兵法》破題的警訊。除了創業家，企業中有意識並且有能力看見整個公司的「死生之地」，深思公司「存亡之道」者極少，甚至一個都沒有。因為成熟的企業，可能不乏研發技術、生產品管、會計財務等專業人才，但極缺乏真正優秀的通才。一個優秀的研發長、事業部總經理或財務長，與一個優秀的執行長，眼界器識仍然有很大的差距。

雖然通才難得，但「問責精神」乃至於「問責文化」，卻必須由每一個基層員工、每一個小單位、每一件小事情開始做起。企業極重要的「問責指標」，是有多少人真正把他們的工作視為公司的「死生之地」，把做好自己的工作當成公司的「存亡之道」。

在思考「死生之地」（策略轉折點）時，如何導入數量化的工具是另一個挑戰。例如，公司財報中有哪一個（或哪幾個）數字或財務比率，可以看成公司的「死生之地」？本書稍後章節，將以實際個案來闡述此觀點（例如，管銷成本比率、毛利率等）。

在企業界上《孫子兵法》時，我把課程名稱訂為「財報與《孫子兵法》」。在課程一開始時，我喜歡讓參與的高階主管自由填寫以下的填充題，我稱之為踢「自由球」（free kicks）。

「（　①　）者，公司之大事也，死生之地，存亡之道，（　②　）不可不察也。」

其中，

① 指的是公司裡面的任何一件工作或議題。

② 指的是應該要為這件事或這個議題負責的主管。

我會請每個人很快的把他們所寫的①和②唸出來，但不必做任何解釋。其實，光是大家唸一遍①的過程，就足以發現三件事：

1. 大家的意見非常分歧。

2. 不同的意見，非常清楚的反映每個人的背景和工作職務（例如，研發主管就會強調研發的重要性）。

3. 要如何溝通、協調、整合這些不同的意見，產生一個共同的方向，是一項高難度的工作。

有關於②，大家對誰必須負責的不同意見，根據其影響是直接的或間接的，加以討論如下：

- **直接影響**：問題或議題的直接負責人。例如，有關現

金流的問題，事關公司財務長現金調度的決策和能力，他要負起直接的責任。

- **間接影響：**問題或議題的間接負責人。例如，會造成現金流不足的根本原因，可能是營運長預期的銷售金額與實際的銷售金額落差太大。看似間接影響，但其實對於現金流最該「問責」的可能不是財務長，而是營運長。

「問責」的真正精神，是能夠產生組織的整體感，認知問題的產生與解決，不論直接相關或間接相關，大家（We）都有責任共同面對解決。而「問責」最要不得的現象有三種：有權無責、推諉卸責以及互相指責。

葛洛夫的商業智謀──上馴之「都亢」決策

在「死生之地」中，做對決策走向「生地」的公司比率甚少，但可以持續一段時間的繁榮（時間越來越短）；相對的，做錯決策走向「死地」的公司，比率則高出許多，而通常困境很快就會到來。雖然《孫子兵法》中有「投之亡地然後存，陷之死地然後生」（九地篇第十一）的論述，但死地之風險極為可怕，最好的策略還是不要陷入死地。

英特爾雖然是產業中的「上駟」，但當它要因應策略轉折點的挑戰，仍必須面對第二章所討論的「都兀」問題。葛洛夫認為，即使是再高明的經理人，也不可能無時無刻都對產業有著精準的判斷。而在變化快速的半導體產業，要能精準判斷產業走勢更加困難，對此，葛洛夫發展出一套方法，他宣稱：

先讓混亂統治，接著再統治混亂。

Let chaos reign, then rein chaos.

葛洛夫的商業智謀可以簡述如下：

第一步：保持局面混亂，看似失控（chaos rein）

第二步：開始消除混亂，高明掌控（rein chaos）

葛洛夫的意思並非經理人無所作為，坐以待斃；而是要經理人冷靜有耐心的觀察混亂的環境，並從中領悟出新的秩序，再藉由這個秩序回頭控制住混亂的局勢。那麼葛洛夫具體的做法是什麼呢？答案就是善用「人才的探索力」和「錢財的穩定性」。其中，「人才的探索力」指的是中階主管的自主決策（都），「錢財的穩定性」指的是現金的充沛。

由 2000 年起，葛洛夫卸下英特爾執行長職務，改為擔任董事長。此時，葛洛夫將他過去主導英特爾市場競爭的戰法，整理成表

表 3-1　英特爾不同階段的議題及資源分配

	1976	1984	1989	1991	1998-2001	2003	2005
主要策略議題	①轉型進攻微處理器	②進攻新型微處理器及網路通訊相關產品（如 Pentium 及網卡晶片）				③整體平台服務研發	
公司策略規劃（%）	75	65	66	87	65	70	50
員工自主開發（%）	25	35	34	13	35	30	50

3-1，成為闡明何謂「都亢」的極佳案例。首先，葛洛夫以「謙虛」表達他對市場動態的最大尊敬。因為自知不足，所以除了公司策略規劃的整體性作為之外，葛洛夫強調要讓中階主管擁有相當程度自主開發的重要性。而中階主管自主性開發的多寡，會具體的表現在他們所被分配到的資源上。

中階主管雖然不是企業中最核心的人物，卻是最靠近第一線市場競爭的職位，即使他們的所作所為未必能完全符合公司當下的策略，但卻總是能反映出市場最直接的變化，葛洛夫發現了這點，並決定善加利用。

葛洛夫並不強制經理人百分之百以公司的策略行事，分配在公司目標（正式策略重點）及自主開發（由中階主管自主提案）的資源如表 3-1。

英特爾在三個不同階段的資源分配如下：

1. 1970 年代，英特爾策略上仍專注於記憶體相關產品的開發。但對中階主管來說，他們發現記憶體訂單的利潤，還不如一些微處理器相關的訂單獲利來得好。英特爾發現了這種現象，但並沒有責怪這些主管不遵從公司策略，反而將 25% 的資源投入微處理器的自主開發，最後在 1980 年代成為微處理器的王者，這就是英特爾最著名的策略大轉折。

2. 在配合 IBM 的戰略之下，英特爾的 x86 系列微處理器成為主力產品，幫助英特爾成為 1990 年代的微處理器領導廠商，市場也相當看好英特爾的表現，在 2000 年時市值甚至來到 2,744 億美金，創下歷史新高（見圖 3-2）。但英特爾不因此而滿足，繼續依循著前述雙軌並進的決策方式（都），將公司六到八成的資源（冗）放在公司主推的策略，剩餘的四到二成資源則是繼續去研發 x86 系列以外的自主開發計畫。隨後問世的 Pentium 架構處理器以及網卡晶片組等產品，都是自主開發的結果。

3. 隨著研發的產品越來越多樣，英特爾在公司目標以外投入的資源也逐漸增加。到了 2003 年後，英特爾推出

圖 3-2　英特爾市值

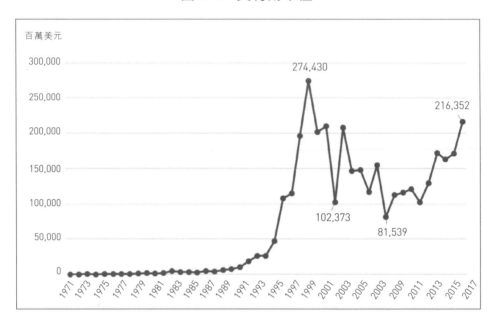

以整體方案提供服務的平台計畫，也就是後來的迅馳
（Centrino）。英特爾不只提供處理器，還包括其餘
產品如主機板以及無線網卡等，將各種產品組成一個
平台販售。到了 2005 年，英特爾的資源分配已經來到
公司策略 50%，自主開發 50%。

　　對葛洛夫來說，他認為公司隨時都要找到足夠的自主開發機
會，並且配置適當的資源在其中。以表 3-2 來說明：①若能找到一
個能確認為很有前景的開發機會，且有足夠的現金資源，對公司來

表 3-2　英特爾市場機會和現金資源的搭配

現金資源	自主開發機會	
	已能確認	未能確認
充足	①安全賭注	①②先緩再賭
不充足	③大膽豪賭	④絕望狂賭

說，這就是一個「安全的賭注」（safe bet）；②若是現金充足，而前景卻不確定，那這是一個可以「先緩再賭」（wait to bet）的決策；③若有前景卻資金不足，那麼這個賭注是「大膽豪賭」（bet the company）；④最後，若是這個機會的前景既不能確認，企業也沒有足夠的現金來支援，這個賭注便是「絕望狂賭」（desperate bet）。問責領袖的心念，要經常保持在「先處戰地而待敵者逸」的狀態。

葛洛夫表示，英特爾在他任內只發生過①和②兩種情況。而如何讓企業一直保持在有充足資源的前提下，去投入研發有希望的產品，將是維持競爭力、避免掉入險境的重要課題。

以 1976 年為例，該年的現金及短期投資為 2,638 萬美元，且沒有長期負債，財務狀況相當穩健。所以即使當年將 25% 的資源投入自主開發機會中，現金資源仍相當充沛。而即使是英特爾首次因需求不如預期而出現虧損的 1986 年，現金及短期投資也有 3.73 億美元的水準，比當年的長期負債 2.87 億美元多出許多。而自 1988 年

至 2005 年的期間，只有兩年（1991、1993）英特爾出現負自由現金流的情況；其餘十六年，英特爾都能產生正的自由現金流，以一家不斷尋找新利基的半導體企業來說，相當難得。在 2005 年時，自主開發的比例已拉高到 50%，英特爾仍擁有充沛的現金，該年現金與短期投資為 127.72 億美元，長期負債為 21.06 億美元。

由上述討論，葛洛夫因應策略轉折點的方法，重點有二，第一，利用中階主管作為公司找到新方向、新機會的「千眼千手」。然而，前提是中階主管的資質必須非常卓越，否則沒有能力進行相當大規模的自主開發。英特爾是產業的「上馴」，擁有為數眾多的高品質人才（中階主管），但大部分的公司（中馴及下馴）並沒有這種人才庫。第二，英特爾一直有充沛的資金庫存和現金流量，讓自己在轉型的過程中能保持財務上的平衡及穩定。

如何突破下降趨勢

大多數企業進入下降趨勢後便從此一蹶不振，只有少數企業可以找出另一股上升的力道，微星科技（MSI）就是個很好的例子。

微星科技創立於 1986 年，1988 年上市，早期以主機板、顯示卡等產品起家，但隨著 2007 年桌機市場逐漸飽和，微星轉而投入筆電的行列，在 2008 年獲得不錯的成績。2009 年筆電市場進入廝殺

圖 3-3 微星的市場價值

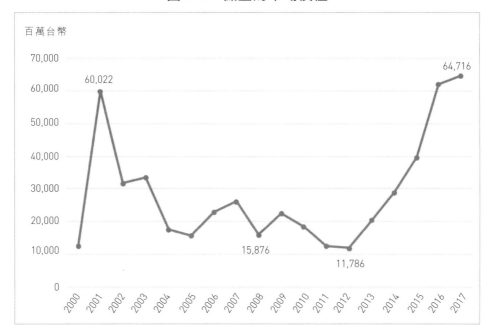

期，而 2010 年 iPad 等平板電腦大量問世，讓筆電市場的情況雪上加霜。當時如華碩、宏碁等筆電龍頭廠商都不得不調整布局，尋找筆電以外的生路；身為二線廠商的微星更是前途堪憂。因此微星股價由 2001 年高點新台幣 159 元，慘跌至 2012 年新台幣 13.95 元的水準（市場價值則由新台幣 600 億元跌到新台幣 118 億元，見圖 3-3）。前途看似黯淡使得微星爆發離職潮，筆電部門走了快一半的員工，主機板等相關部門也走掉快三分之一的員工。微星陷入困境之中。

微星在個人電腦產業中約莫是「中駟」的地位。微星不像英特爾有強大的中階主管，微星的「都」，就是公司五位創辦人的集體決策。對此，他們決定不再走華碩、宏碁等大廠的以量制價模式，避開對手的強處，改走當時無人耕耘的電競筆電市場，尋找新的利基點。微星在衰弱中仍保有相當強健的現金資源（六）。2009 年到 2012 年期間，微星的獲利只有新台幣 2.4 億元到 8.6 億元左右的水準；相較於 2007 年到 2008 年新台幣 20 多億元的水準而言，衰退很多。而在這段由主機板廠商轉型為電競筆電廠商的期間，微星的現金其實相當穩固。2009 年到 2012 年，微星的現金都維持在新台幣 100 億元左右的水準，約占總資產的 20%；而微星這幾年的長期負債極低，只有新台幣 5,000 萬到 7,000 萬元左右，約占總資產的 0.1%。而若觀察微星這幾年的現金流量表，可以發現自由現金流量（營運活動流入現金減掉資本支出）都為正數，2009 年為新台幣 18.42 億元，2012 年為新台幣 15.78 億元，這代表微星的營運現金流都能支撐投資現金所需。

　　微星是少數擁有自己生產線的筆電品牌，這項特色成了微星進軍電競筆電的最大籌碼。在電競筆電萌芽的初期，每個月的出貨量極少，可能只有數千台，一般廠商很難找到代工廠。但擁有自己生產線的微星無此擔憂，甚至可以利用這點，搶先在對手之前生產新的機種，在產品設計上也有更多元的選擇。此外，微星在電競筆電上，將研發、設計、製造等都一手包辦，是少見的「一條龍」公司。這使得微星可以隨時根據市場的反應及變化，迅速地調整自己的產

品，對電競筆電這個初萌芽的市場來說，是相當有力的武器。

然而微星並不滿足於單純利用自己產能上的優勢，這家公司還另外做出一個創舉，那就是任用「年輕電競選手」作為產品部的負責人。微星找來了陳冠全擔任微星筆電產品專案協理，陳冠全曾是知名遊戲《星海爭霸》的高手，對於電競在筆電上會有什麼樣的需求相當了解。藉由電競選手設計出來的筆電，微星的電競筆電在電競圈中深受好評，消費者使用經驗良好，認為微星是相當專業的電競品牌，大幅提升了品牌形象。

微星也相當積極的參與電競圈的活動，例如舉辦比賽、贊助隊伍等，電競圈上上下下都可以看到微星的影子，許多比賽也全程使用微星的產品，曝光度大大提升，微星亦藉此獲得了與重要零件供應商優先合作的機會。

近年來，隨著《英雄聯盟》、《Dota 2》等電競遊戲逐漸興起，在電子競技與 Twitch 等遊戲直播持續發燒下，電競市場快速增長。根據國際市調機構 Jon Peddie Research（JPR）的資料顯示，2016年全球電競硬體市場規模已突破 300 億美元，未來也將以約 6% 至 7% 左右的水準繼續成長，前景相當看好。2016 年，微星營收為新台幣 1,021.9 億元，相比 2012 年的 670 億元高出許多；股價也來到了新台幣 73.6 元的水準。目前，微星約有 34% 的營收來自筆電，主機板占 27%、顯示卡 24% 以及其他系統 16%，其中電競筆電占筆電營

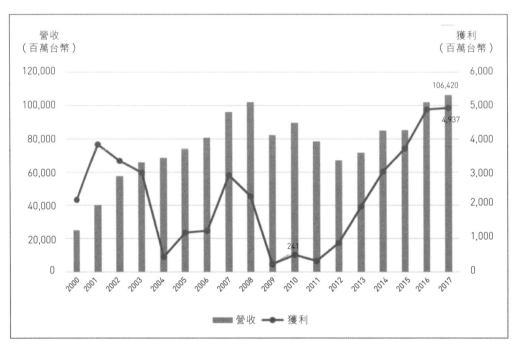

圖 3-4　微星營收獲利

收約 80% 以上；而根據拓墣產業研究院（TRI）的資料顯示，2016
年微星在電競筆電的全球占有率為 19%，是世界第一。

　　而原本的筆電競爭對手華碩，看到微星的成功以及市場的變化，
也開始跟進。2017 年 5 月，華碩宣布將進行重大的組織變革，將
集團劃分為三大產品事業群，除原本的電腦事業群（PC BU）和行
動運算產品事業群（Mobile BU）外，新設立「電競電腦事業群」
（Gaming BU），想要在這個新利基市場中搶下足夠的占有率。

隨著電競筆電市場逐漸受到重視，愈來愈多廠商加入競爭。除了華碩之外，許多耳熟能詳的電腦廠牌如聯想、惠普（HP）、宏碁等也紛紛加入，面對眾多對手的競爭，微星要繼續維持領先地位並非易事。若以 2018 年市場調查資料而言，1 月全球 1,000 美元以上價位的電競筆電，華碩上升極快，以 22% 奪下第一名的寶座；其次是惠普的 18%，微星以 14% 暫居第三。但除了電競筆電，微星以電競為主軸，搶攻電競主機板、電競顯卡、電競顯示器、電競桌機等產品。微星 2017 年營收為台幣 1,064 億元，較 2016 年上漲 4.1%；獲利則為台幣 49.37 億元，較上一年度上漲 1%，市值約台幣 640 億元。雖然電競筆電因競爭逐漸激烈，微星在市場上不若以往如此有宰制力，但受惠於顯示卡因挖礦熱潮帶動以及特化的電競主機板等產品，微星的顯卡出貨量在 2017 年為全球第二，主機板出貨量則為全球第三，在電腦各項產品上都已漸趨「上駟」廠商。

　　微星在死地之中找到重生的機會，避開對手強處，利用尋找以及穩固新利基市場的方式，從一個二線品牌，到現在可以在電競筆電與華碩等大廠一較高下，甚至成為新的領導廠商，是一個「陷之死地而後生」的好例子。

下降趨勢中的「禍不單行」

　　企業在面臨策略轉折點時，如果走入下降趨勢，會造成負面條

件的大量匯集 ，也就是所謂的「禍不單行」。這裡的「禍」，有兩種類型：

1. **合理商業交易條件的惡化：** 進入下降趨勢財務困難的公司，必須面對較差的商業交易條件，這十分常見，因為所有的交易對手都把對此公司交易的優先順序放在最後。例如，提供的產品品質較低、交貨期間較長、要求支付現金期間較短，得到的售後服務較差等。

2. **惡意不誠信的商業行為：** 因為實力削弱甚至面臨倒閉的風險，顧客或供應商可能會對進入下降趨勢的公司，做出種種不誠信的行為。例如，惡意的倒帳（明明有錢但不付錢）或蓄意的侵權（例如專利）。此時，顧客或供應商認為維持誠信交易的經濟利益變差（可能未來不再交易，故無需維持信任），甚至料想公司已經無力、無心討債或進行法律訴訟。這些惡意的行為，往往令已經體質脆弱的公司，遭受意外甚至致命的打擊。

　　體質更弱的新創公司，其產業地位屬於「下駟」，在陷入財務危機之後，如何掙扎求生，扭轉毀滅性的衰退，請看第八章的討論。

尋找企業的「左宗棠」

　　最常見的情景，是成功的領導者心懷對組織「生死之地，存亡之道」的憂患意識。而最難得的人才，是組織中的基層員工，竟有「身無半畝心憂天下」的器識，更有著「讀破萬卷神交古人」，發憤學習的積極心態。例如，清末名臣左宗棠 23 歲時創作以上對聯，此時他三次赴京趕考皆落榜，身無功名。發掘這種有器識、有潛力的「問責人才」，愛惜之，培育之，淬煉之，拔擢之，使其成為「問責人傑」，才是《孫子兵法》中的將才培育之道（詳見第九章台積電的範例）。

參考資料

1. Robert A. Burgelman, Andrew S. Grove. 2007. Let Chaos Reign, Then Rein In Chaos – Repeatedly: Managing Strategic Dynamics For Corporate Longevity, *Research Paper Series*, Graduate School of Business, Stanford University.
2. Robert A. Burgelman, Andrew S. Grove. 1996. *Strategic Dissonance*.
3. 《財訊雜誌》第 509 期。

第四章

道天地將法——
知之者勝，不知者不勝

　　孫武的另一個千古知己，是現代管理學的奠基者彼得‧杜拉克（Peter Drucker, 1909-2005）。2008 年，也就是杜拉克去世後的第三年，在幾位重量級管理名家參與編寫下（例如《從 A 到 A+》的作者柯林斯〔Jim Collins〕），杜拉克獻給世人他人生 37 本著作中最後的一本書，書名很簡單——《五個最重要的問題》（*The Five Most Important Questions You Will Ever Ask About Your Organization*）。無論自己所處的是營利組織或非營利組織，杜拉克告訴我們必須「自問」五個基本問題。它們分別是：

　1. 什麼是我們的使命（What is our mission）？

2. 誰是我們的客戶（Who is our customer）？

3. 顧客看重的價值是甚麼（What does the customer value）？

4. 我們的結果是什麼（What are our results）？

5. 我們的計畫是什麼（What is our plan）？

杜拉克要我們思考的這五個基本問題，也正好是《孫子兵法》中評估勝負的五大構面——「道、天、地、將、法」（始計篇第一）。孫武再三叮嚀：

凡此五者，將莫不聞，知之者勝，不知者不勝。

本章的目的，是介紹《孫子兵法》兩千多年前就提出來的總體（Macro）「五力分析」；相對的，1979 年策略大師波特（Michael Porter）所提出的，是產業競爭結構下的個體（Micro）「五力分析」（Five Forces Analysis）。

東西兩智者各有「五問」

為了印證孫武與杜拉克的千古相知，我把他們各自的「五問」列舉對照出來。

表 4-1 杜拉克與孫子的「五問」

孫子五問 ＼ 杜拉克五問	Mission 使命	Customer 顧客	Customer Value 顧客價值	Results 結果	Plan 計畫
道 （使命與價值）	成就使命就是行道				
天 （趨勢與市場）		顧客所在就是趨勢與市場所在			
地 （企業產業定位）			產業定位在於創造顧客獨特價值		
將 （人才與執行）				能交出成果的人才才是大將	
法 （績效與誘因）					設計達成組織目標的各種管理制度

以下，我嘗試把《孫子兵法》中所討論的「道、天、地、將、法」，由軍事用思想化成經營管理觀念，並賦予其財報意涵。

一、道者，令民與上同意者也；故可與之死，可與之生，民弗詭也。

《孫子兵法》原文白話翻譯如下：「所謂道，是要使民眾與國君的意願一致，這樣人民就能為國君出生入死，而不違背國君。」簡單來說，就是如何做到「志同道合，上下一心」。

範例一：巴菲特高個人持股

在公司的經營上，既是公認的投資大師、同時也是波克夏公司（Berkshire Hathaway Inc.）董事長的巴菲特（Warren Buffett），做了如下說明：

> 波克夏旗下的執行長們，是他們各自行業的大師，他們把公司當成是自己擁有般來經營。

巴菲特更在每年波克夏的財務報表後面，附上親手撰寫的《股東手冊》（*An Owner's Manual*）。他明確地告訴股東：

> 雖然我們的組織型態是公司，但我們的經營態度是合夥事業。……我們不能擔保經營的成果，但不論你們在何時成為股東，你們財富的變動會與我們一致。當我做了愚蠢的決策，我希望股東們能因為我的財務損失比你們更慘重，而得到一定的安慰。

巴菲特曾經把 99% 的財富集中於波克夏的股票，所以他可以自豪的宣稱和股東完全利害一致（所謂「可與之死，可與之生」）。然而隨著年紀增長，以及財產捐贈給慈善機構的安排，巴菲特已經慢慢地降低手中所握有的波克夏持股。

巴菲特的波克夏公司，是雙層股權結構的公司。在波克夏，普通股可分為 A 股與 B 股兩種股票。A 股流通在外有 410,000 股，B 股流通在外則有 1,339,000,000 股。A 類的普通股，每股代表一個投票權；B 類的股份，則是一股等同於萬分之一的投票權，且 B 股的股息與分配權為 A 股的 15%。這些流通在外的 410,000 股 A 股股票中，有 316,773 股由波克夏的經營階層所持有。也就是說，有高達 77% 的 A 股是由公司的經營團隊掌控；其中，巴菲特本人就持有 295,161 股，占了 72%。由這樣的結構與流通股份多寡，就可以知道，即便市場上能擁有波克夏股份的人很多，但真正對波克夏的經營有重大影響的，卻集中在少部分的人手中，特別是在巴菲特的手中。在這樣的結構下，波克夏公司的控制權就可以集中在主要的管理者身上，而不會受到太多外界的影響。因此，只有高度認同巴菲特理念及投資績效的人，才會選擇持有波克夏的股票，自然是「志同道合，上下一心」。

範例二：高科技的雙層股權結構

　　1998 年，佩奇（Larry Page）與布林（Sergey Brin）創辦了 Google。2004 年，佩奇在第一次上市（initial public offering, IPO）時，說明了他們創業的初衷，也就是他們的「道」。

　　之所以創辦 Google，是因為我們相信能對全世界提供一

個重大貢獻 —— 對幾乎任何主題，都能立即提供攸關資訊。服務終端客戶（end-users）是我們的初衷，也一直是我們的第一優先。我們的目標，是能夠顯著的改善愈多人的生活愈好。在追求這個目標時，我們會做一些我們相信對世界有益之事，即使它在短期的財務報酬上並不明顯。

他們深受巴菲特影響，決定採用雙層股權結構來實踐「道」。簡單的說，不認同他們理念的投資人，就不要來買他們的股票，因為經營團隊的決策權無法被挑戰。具體做法如下：

1. Google 上市時，提供給投資大眾認購的股票（Class A），每股有一票的投票權；而 Google 創辦人及經營團隊所擁有的股票（Class B），每股有十票投票權，占整體投票權的 61.4%。因此，雖然一般股東能夠分享 Google 的市值成長及現金股利分配，卻無法影響 Google 的經營管理決策。

2. 實施 70-20-10 投資法則：這種特殊的股權結構，讓經營團隊能掌控資本分配（capital allocation）決策權：70% 的資源投資於提升顧客使用搜尋引擎的整體經驗，20% 的資源投資於與搜尋引擎相關的周邊服務，而 10% 的資源投資於乍看之下毫不相關、甚至有點投機的事業，以因應科技業破壞性（disruptive）變革

的特性。Google 此舉，是要確保它的經營管理，在上市後不被華爾街追求短期績效的壓力所扭曲。

2012 年，臉書的創辦人祖克伯（Mark Zuckerberg）在上市（IPO）時，也談到了臉書的初衷（道）：

> 臉書創立時不是要成為公司，我們最主要關心的，是我們的社會使命，我們提供的服務，以及臉書的使用者。我們不是提供服務來賺錢，而是賺錢來提供更好的服務。這是創造事業很好的思考方式，因為我發現有愈來愈多人希望服務他們的公司有著超越只是利潤極大化的理念。當我們專注於我們的使命以及提供很棒的服務時，我們相信在長期中也為我們的股東及夥伴們創造最大價值，然後也能因此吸引最好的人才，來創造最好的服務。

祖克伯所敘述的高遠理想，也是用類似 Google 的雙層股權結構來鎖定，在臉書的股權結構下，分成 A、B 兩種普通股。A 類股票是一對一的投票權利（一張股票等同於一個投票權），而 B 類普通股則是一對十的投票權利（一張股票等同於十個投票權）。在這樣的結構下，使得祖克伯和其團隊擁有超過 60% 的投票權，可以掌握其在臉書中的決策權。但臉書是否言行一致，真的重視社會使命（其所宣稱的「道」）超越商業利益？在 2016 年美國大選前夕，臉書就已經被人質疑有俄羅斯政府背後支持的相關帳號，其目的是試

圖操作選民的想法。類似的帳號共張貼了 80,000 筆貼文、滲透到美國 1.26 億人的生活中。2018 年時，臉書承認，與應用程式製造商共享用戶個人資料，其中包括若干中國企業。一連串負面的事件，讓許多臉書的使用者對於臉書是否有「道」，心存疑慮。

範例三：京瓷（Kyocera）以員工為主之哲學思想

日本京瓷的創辦人稻盛和夫，有著非常強烈的東方哲學思想。他為京瓷訂下的座右銘是「敬天愛人」（Respect the divine and love people.）。而稻盛和夫的經營之「道」，與西方企業的主流思想非常不同。他說京瓷的使命是：

提供所有員工物質上和心智上的成長機會。並且透過大家共同的努力，對於社會乃至全人類的提升做出貢獻。

雖然京瓷就產品面而言，是非常有競爭力的優質企業，但這種「員工第一」的管理哲學，衍伸出的是不重視股東報酬率的作為，因此在資本市場的表現並不理想；這點由京瓷接近 1 的市值面值比率（market-to-book ratio），可以看的出來（見圖 4-1）。

在第九章，會看到台積電張忠謀非常重視公司內能夠「志同道合」，這就是以「道」來凝聚組織人心，產生整體的精神力量。但

図 4-1 京瓷市值面值比

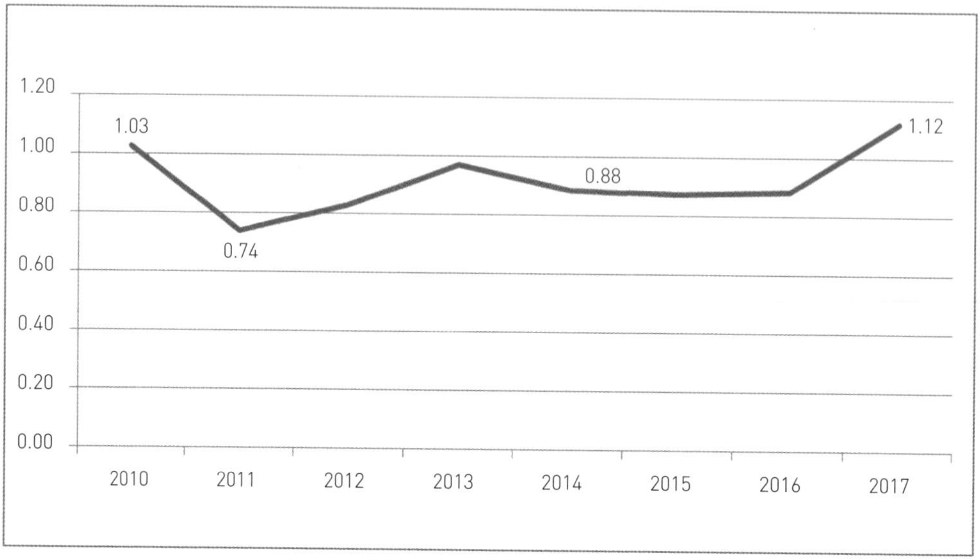

張忠謀把創造股東價值當成經營重點，所以台積電的市值面值比率，比京瓷好太多了（詳見第七章）。

二、天者，陰陽、寒暑，時制也。

《孫子兵法》原文白話翻譯如下：「所謂天，是晝夜、晴晦、寒冷、炎熱和四季等這些變化的天象氣候。」在軍事決勝中，「天」完全是人力所不能掌控的，但又是非常重要的參考因素。在企業經營中，「天」可以引申為企業面臨的趨勢及潮流。以下幾種財務指

圖 4-2　美國電子商務交易金額占總零售業交易金額比重

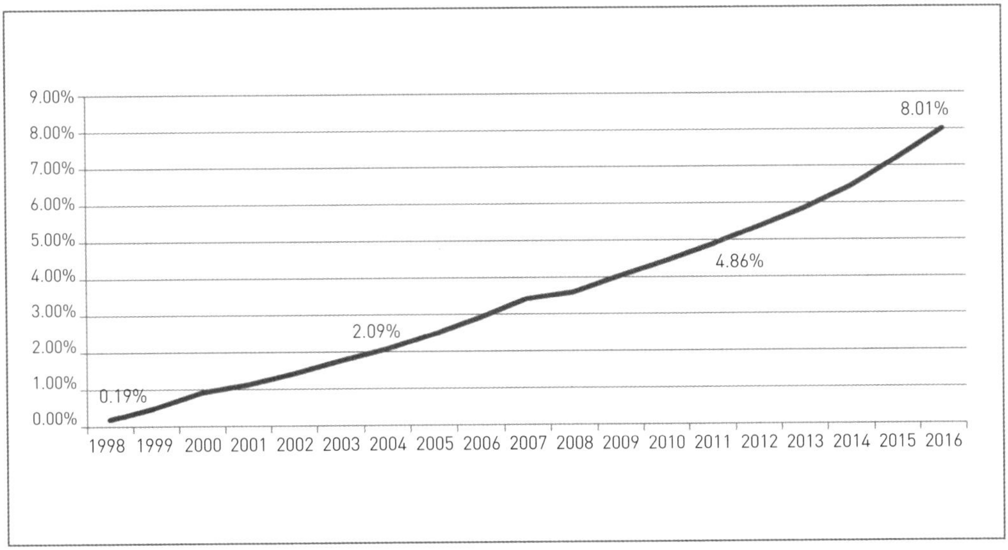

資料來源：http://www.census.gov/retail/index.html

標可作為「天」的財報衡量。

　　圖 4-2 勾勒出電子商務的趨勢走向，是「天」的一種衡量。雖然電子商務的興起是熱門話題，而且交易金額的確成長迅速。但電子商務仍然只占整體零售業的一小部分（只有 8%），未來仍有極大的成長空間。圖 4-2 是非常多家公司財報加總起來的產業訊息，是「天」（趨勢）非常重要的參考資料。

　　「天」也常造成企業內部績效評估的偏誤。例如，看起來績效

最好的部門，其實可能是績效最差的。何故？因為有些部門產品或服務搭上趨勢的順風車，營收及獲利有著非常快速的成長。但在公司內部，這些經理人未必特別優秀或者特別努力，就可能被評估為績效最好，這其實不太公平。例如，該部門的營收成長率為 50%，為全公司所有部門之冠；但事實上，整個產業成長率超過 100%。相對而言，這個部門的績效其實落後整個產業平均，並不突出。

三、地者，高下、廣狹、遠近、險易、死生也。

《孫子兵法》原文白話翻譯如下：「所謂地，是地形有高低，路途有遠近，地勢有險要或平坦，地域有廣闊或狹窄，戰地有死地或生地。」在企業經營中，「地」可以設想成企業在整個產業中的地位。以下「營業收入」及「營業活動現金流」兩種指標，可作為「地」的財報衡量。

圖 4-3 是沃爾瑪相對於凱瑪特的營業收入比較。沃爾瑪的營收遠在凱瑪特之上，是產業中的領導者，有著「地」的優勢。

由圖 4-4 可以看出，沃爾瑪的營業活動現金流量，遠遠超過其獲利。何故？因為沃爾瑪有規模優勢，是產業龍頭，它可以有足夠的議價空間，讓應收帳款快速流入，讓應付帳款慢慢支付（流出），因此可以從供應鏈中擠壓出大量現金，這也是「地」的優勢展現。

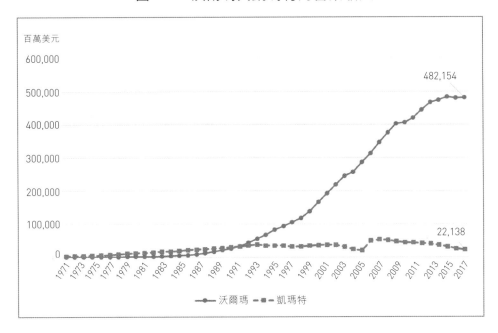

圖 4-3　沃爾瑪與凱瑪特的營業收入

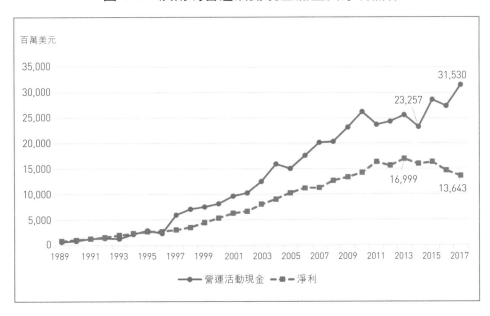

圖 4-4　沃爾瑪營運活動現金流量與淨利關係

圖 4-5　沃爾瑪與凱瑪特管銷費用占營收比

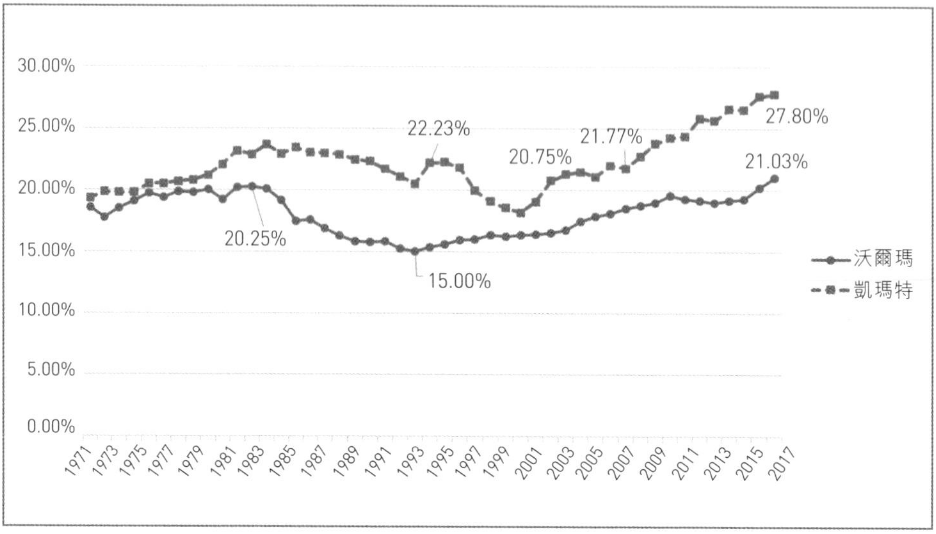

四、將者，智、信、仁、勇、嚴也。

《孫子兵法》原文白話翻譯如下：「所謂將，是將帥的智謀才能，賞罰有信，仁愛部下，勇敢果斷，治軍嚴明。」

要成為大將（企業高階經理人，問責領袖），就必須拿出具體的經營結果。例如，如果公司的策略重點是「成本領導」（cost-leadership），大將的成果就應該是比競爭對手更優化的成本結構，而可以用財報數字（管銷費用占收入百分比）表現。例如，由圖 4-5 可清楚看出沃爾瑪相對於凱瑪特有較優化的成本結構。有關此議題更進一步的分析與討論，詳見第五章。

圖 4-6　路易威登及歷峰集團的毛利率比

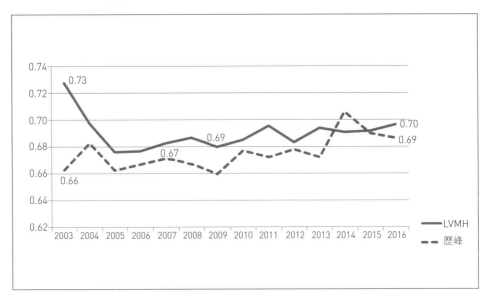

相對的，如果公司的策略重點是「差異化」（differentiation），大將的成果就是創造比競爭對手更高度的顧客品牌認同，品牌認同可以用財報數字中的毛利率（gross margin ratio，代表訂價的主導力）來具體衡量。例如，法國路易威登（LVMH）與瑞士歷峰集團（Richemont），分別是全球第一及第二大的奢侈精品集團。由圖4-6毛利率的比較，可以看出路易威登的品牌力平均而言大於歷峰。

至於如何培養大將，使他們具有《孫子兵法》中所強調的「智、信、仁、勇、嚴」五大特質，請參見第九章（由台積電財務長何麗梅所撰寫）。

五、法者，曲制、官道、主用也。

《孫子兵法》原文白話翻譯如下：「所謂法，是指軍隊組織編制、統轄各級將吏、掌用軍需軍械等管理制度上的法規。」在企業經營中，「法」指的是各種管理制度，也包含各種標準作業程序（Standard Operation Procedures, SOPs）。

雖然企業中的管理機制非常多元，但對組織成員行為影響最大者，莫過於薪酬激勵制度。

表 4-2 比較了沃爾瑪和亞馬遜的高階主管薪資結構。由於亞馬遜是正在快速成長的新興公司，它提供給高階經理人薪資的特色，是低於同行的基本薪資，但相對高額的限制型股票（restricted stock，通常有較長的閉鎖期，必須持有若干年後才能出售），藉此激勵高階主管持續為增加公司整體價值而奮鬥。

相對的，沃爾瑪是成熟的零售業者，主管們應該做什麼工作、要達成什麼目標都很明確。因此，在績效制度的設計上，沃爾瑪主要是大量採用財報數字，把薪酬和重要績效指標（key performance indicates）做緊密連結。

表 4-2 沃爾瑪與亞馬遜高階主管薪資結構比較

	沃爾瑪		亞馬遜
基本薪資 Base Salary	**現金獎酬 Cash** • CEO：占目標總薪酬 （target total direct compensation）約 6% • 其他高階經理人：約 占目標總薪酬的 9% 至 15%	年終獎金的計算基礎，是依據營業淨利（operating income）及其他與銷售有關之目標達成程度。	亞馬遜的獎酬哲學，強調將員工的利益與股東的利益相結合。因此，除了新進員工以及極少數已說明原因的情況下可以得到現金獎酬之外，亞馬遜不提供員工任何與現金有直接關連之獎金與酬勞。此外，亞馬遜也不使用所謂的績效指標（performance indicator）作為獎勵的評估依據，這是為了避免員工過度專注在少數的短期指標，而忽略了長期的發展。
年終獎金 Annual Incentive	• CEO：約占目標總薪酬的 19% • 其他高階經理人：約占目標總薪酬的 16% 至 29%		
留任股票 Retention Stock	**股票薪酬 Equity** 必須持有 3 年才擁有股票的所有權。 • CEO：約占目標總薪酬的 18% • 其他高階經理人：約占目標總薪酬的 12% 至 17%	績效股票的計算基礎是投資報酬率（ROI）以及三年持有期間的第一年銷貨收入表現。	因此，亞馬遜只以低於同行的基本薪資加上限制型股票作為員工的獎金酬勞。同時，員工必須持有相當長的時間後，才得以執行限制型股票的使用權。 亞馬遜相信，唯有如此，員工及高階經理人才會將服務顧客及長期發展視為首要之任務。
績效股票 Performance Equity	• CEO：約占目標總薪酬的 58% • 其他高階經理人：約占目標總薪酬的 44% 至 58%		

表 4-3 「道天地將法」評分表

孫子兵法 五構面 評分情境	道 （使命與價值）	天 （趨勢與市場）	地 （定位與就位）	將 （人才與執行） 將、士、卒	法 （績效與誘因）

五問的評分表

孫子兵法的「五問」，可以製作成一個評分表格（如表 4-3），幫助經理人練習藉由這五個指標思考問題，打相對分數。有一次，我設定的比較對象是台積電和三星電子在晶圓代工領域競爭的勝負。有一位著名的電子產業大老，對這兩家公司都很了解，看了我準備的表格，二話不說，直接打起總分：台積電 100 分，三星 80 分，台積電勝。對於「道、天、地、將、法」的五大細項，他倒是懶得填寫，直接回答：「每一個細項也都是台積電 100 分，三星 80 分。」看來要真正把五個構面逐一思考，也不容易啊！

參考資料

1. Peter F. Drucker, *The Five Most Important Questions You Will Ever Ask About Your Nonprofit Organization* (San Francisco: Jossey-Bass, 1993).

第五章

兵聞拙速，未睹巧之久也——
沃爾瑪對凱瑪特

速度是降低成本的「倚天劍」，在快速成長中維持平衡的，是降低長期成本的「屠龍刀」。孫子極早看到此點，他說：

兵聞拙速，未睹巧之久也。（作戰篇第二）

空中拚速度的創業家

山姆·華頓（Sam Walton, 1918-1992）是沃爾瑪（Walmart）的創辦人。1954 年 4 月，華頓花了 1,850 美元，在美國奧克拉荷馬城（Oklahama City）買了第一架極端陽春的飛機。這台單螺旋槳

飛機裝了一顆洗衣機馬達，只能容納兩個人，滿載油量和乘客時也只有 1,320 磅（約 598 公斤）。因為沃爾瑪創業初期主要在美國中西部展店，當時該地區交通建設仍不太發達，飛機於是變成勘察新店開設地點的最佳工具。

華頓喜歡低空飛行，方便看清楚地形、地物及車潮人流。一旦看上某個地段，華頓就會立刻降落仔細觀察，進而找出地主，當場討論土地買賣事宜。沃爾瑪的展店策略，是避開領導廠商（上駟）凱瑪特（Kmart），向外搶占據點，再向內包圍填滿，最後全面攻占市場。沃爾瑪達到快速的利器就是低價，低價帶來快速的銷售，配合快速展店、快速存貨及應收帳款週轉、創造快速的現金流及低廉的展店資金；而快速擴大的規模，創造更大的採購價格優勢。這種簡單有效的戰略，在市場上無堅不摧，但它其實是建立在對於許多財報數字的深思。華頓對財報數字非常敏感及重視，他說：「對數字的重視，使我緊盯公司的經營報告，以及從各方面蒐集來的情報。」

《孫子兵法》在總論（始計篇第一）之後，馬上開講戰爭的成本會計學。它以準備 1,000 輛輕裝戰車，1,000 輛重裝戰車，及 10 萬名士兵投入戰場為案例，討論準備戰爭的成本基本功（作戰篇第二）。《孫子兵法》對成本最大的洞見（insight），是明確的指出「速度」（即時間長短）是戰爭最重要的成本動因（cost driver），所謂「久暴師則國用不足」。《孫子兵法》進而強烈主張「兵聞拙速，未睹

巧之久也」，以及「兵貴勝，不貴久」。非常有趣的是，在 1980 年代提出「作業成本制」（Activity-Based Costing）的著名會計學者凱普蘭（Robert S. Kaplan），在 2004 年提出更精進的「成本驅動作業成本制」（Time-Driven Activity-Based Costing），主張將諸多成本動因簡化成以「時間」為主的成本動因，可以更聚焦、更有效的提升成本控管。凱普蘭的主張，和孫子的成本控管思想不謀而合。

其實，而在傳統的財報分析中，「速度」本來就扮演重要的腳色。例如，加快應收帳款週轉率（accounts receivable turnover；週轉越快，現金回收天數越短）、加快存貨週轉率（inventory turnover；週轉愈快，積壓存貨所產生的成本越低），都是看似平凡但非常重要的成本控管手段。

成本控制是商業智謀的根本，也是經營成敗的重要關鍵。首先，我們以傳統零售業中沃爾瑪對凱瑪特為例，說明降低營業成本的商業智謀。

沃爾瑪對凱瑪特之戰

　　沃爾瑪成立於 1962 年，1971 年上市，是零售業的後進者，原來是「下駟」；凱瑪特前身叫克瑞斯格（Kresge），成立於 1888 年，1925 年就公開上市，1962 年改名為凱瑪特（Kmart），原本是美國零售業的龍頭，可謂「上駟」。但兩家公司在過去二十年的競爭中，沃爾瑪攻守俱佳，已經成為零售業的「上駟」；而凱瑪特攻守失利，不僅成為零售業的「下駟」，而且還有被淘汰的危機。

　　按照兵法的思維，眾多的財報資訊，可以區分成「守勢」、「攻勢」（包括助攻）、「戰果」三類指標，茲分別敘述如下。

「守勢」指標

　　在傳統的零售業，如果經營成本顯著低於競爭對手，就可以確保在競爭中「立於不敗之地」（軍形篇第四）。經營成本在財報上的衡量，為管銷費用率（管理銷售費用 ÷ 營業收入）。

　　沃爾瑪成本控制的能力，是其競爭力的核心。由圖 5-1 可以看出，沃爾瑪的相對競爭優勢，清楚地表現在管銷費用率上。自 1990 年代起，沃爾瑪的管銷費用率相對穩定，幾乎都維持在 15% 至 19% 之間；而凱瑪特的管銷費用率約在 20% 至 28% 之間，除了波動較大

圖 5-1　沃爾瑪與凱瑪特管銷費用占營收比

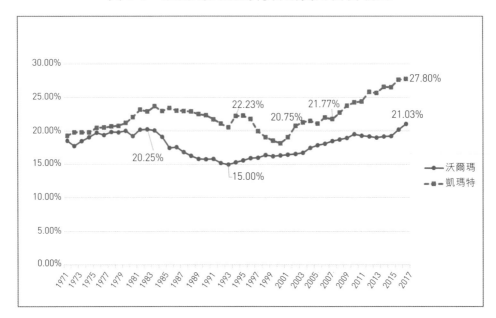

之外，一直都高於沃爾瑪。在利潤只有 3% 至 4% 的零售業中，成本劣勢讓凱瑪特註定只能處於挨打的局面。

　　簡單的說，較低的管銷費用率讓沃爾瑪「立於不敗之地」，但這只是「守勢」，不足以致勝。

「攻勢」指標

　　能夠有效的改變顧客經驗，讓企業擴張成長的經營活動就是「攻

圖 5-2　沃爾瑪與凱瑪特之毛利率

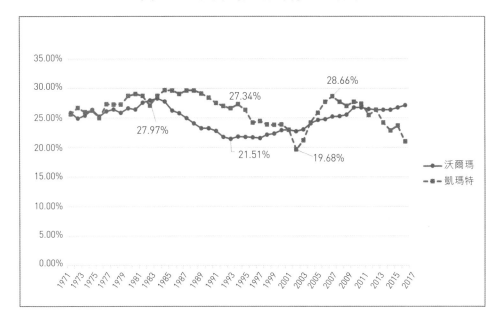

勢」。在相同的營收下，較低的成本讓沃爾瑪可享有較高的利潤，
然而顧客對此並無切身感受。如果要為顧客創造價值，並吸引更多
顧客，最主要的「攻勢」利器就是「低價」。「低價」，表現在財
報上為較低的毛利率（〔營收－銷貨成本〕÷ 營收）。

　　沃爾瑪目前光是可以在下單同日出貨的商品就高達 4,600 萬種，
財報上雖然無法直接觀察到個別商品的價格，但透過觀察公司整體
的毛利率，可以間接看出沃爾瑪的「低價」攻勢。例如，當兩家公
司採購成本相當時，低毛利率就代表「低價」。事實上，沃爾瑪在
創業初期，創辦者華頓就訂定「毛利率要成為產業中最低」的基本

戰略。由圖 5-2 可以看出，1970 年代到 2000 年代之間，沃爾瑪的毛利率（21% 至 27%）幾乎都低於凱瑪特（19% 至 29%）。1980 年代晚期，沃爾瑪營收規模已經超過凱瑪特。一般而言，擁有較大的採購優勢時，只要定價相同，就會享有較高的毛利率。因此沃爾瑪持續的低毛利率，是非常強烈的價格「攻勢」。

值得注意的是，沃爾瑪在 2000 年之後，呈現毛利率持續上升的**趨勢**，重要原因並非提高商品售價，而是增加毛利率較高的自有品牌通路（private lable）的銷售比率。

「助攻」指標

沃爾瑪靠快速擴大經營規模來「助攻」。「助攻」指標有三種：

1. 每年開店數目。
2. 每年投資金額：亦即投資於「土地、廠房、設備」的金額（表現在資產負債表中，為固定資產的增加），再加上併購其他零售業者的金額（可由現金流量表上看到併購金額）。
3. 創造現金流量的能力：快速擴大規模必須仰賴充沛而廉價的資金，而最可靠的廉價資金，就是公司自己所創造的營業活動現金流（cash flows from operating

activities）。

這三種「助攻」指標，更進一步說明如下。

助攻指標 1：每年開店數目

　　沃爾瑪的競爭力，主要來自它持續成長的動能；而其營收獲利的成長動能，來自新店的不斷拓展，其次為舊店營收獲利的合理成長。由表 5-1 可看出，1971 年，沃爾瑪在美國境內只有 24 家店；2017 年則成長到 5,332 家店，平均每年開設 108 家。沃爾瑪的國際展店行動開始較晚，1993 年在美國境外只有 10 家店，到了 2017 年則成長到 6,363 家店，平均每年開設 258 家。而沃爾瑪截至 2017 年為止，全球總共有 11,695 家分店，其中墨西哥的分店就有 2,411 家。

表 5-1　沃爾瑪實體店面數

Year	2006	2007	2008	2009	2010	2011	2012	2013	2014	2015	2016	2017
美國開店總數	3,856	4,022	4,141	4,258	4,304	4,413	4,479	4,625	4,835	5,163	5,229	5,332
國際開店總數	2,285	2,757	3,121	3,615	4,112	4,557	5,651	6,148	6,107	6,290	6,299	6,363
全球開店總數	6,141	6,779	7,262	7,873	8,416	8,970	10,130	10,773	10,492	11,453	11,528	11,695
增加店數	852	638	483	611	543	554	1,160	643	169	511	75	167

在財務報表上，土地、廠房及設備淨額，也從 1984 年的 8.7 億美元，於 2017 年達到 1,077 億美元。如此龐大的成長數目，也可一窺沃爾瑪龐大的規模。

沃爾瑪美洲之外的國際展店重點摘要如下：

- 2006 年時，沃爾瑪首次進入日本市場，新設 398 家店面。

- 2007 年由於複製美國成功經驗失敗，加上無法配合當地消費者習慣，該年沃爾瑪退出德國及南韓市場。

- 2012 年大量增加 1,160 家店面，主要是因為該年大舉進攻南非地區，新設 347 家店面。另外，墨西哥地區成長 385 家，英國地區成長 156 家。

- 2014 年海外地區展店量下降，主因是該年墨西哥地區總體經濟不佳以及消費者信心下滑，該區店數較去年減少 154 家。

- 2016 年除因轉往電商發展而減少實體店面擴張之外，該年巴西以及日本地區的實體店面也有減少的情形。

- 沃爾瑪早在 1996 年便開始進入中國市場，2017 年在中國店數約 439 家店面。沃爾瑪在中國市場獲利一直不佳，但由於中國市場是兵家必爭之地，因此並沒有撤退的跡象。

凱瑪特的店面數目，包含 2004 年合併的席爾斯（Sears，創立於 1892 年，也是美國傳統零售業的領導廠商之一）。相對於沃爾瑪的快速擴張，由表 5-2 可以清楚看出，2000 年代凱瑪特開店幾乎已經停滯，而在 2012 年之後，凱瑪特更大量的關閉實體店面。

表 5-2　凱瑪特（含席爾斯）實體店面數

Year	2008	2009	2010	2011	2012	2013	2014	2015	2016	2017
店面數	3,847	3,918	3,921	4,038	4,010	2,548	2,429	1,725	1,672	1,430
增減數	56	71	3	117	-28	-1,462	-119	-704	-53	-242

助攻指標 2：每年投資金額

由圖 5-3 可以看出，沃爾瑪在擴充實體店面持續投入龐大的金額。例如，光是 2007 年，展店金額就高達 156.66 億美元。沃爾瑪也會透過併購擴大規模，例如 1993 年沃爾瑪併購價值約 3 億美元的美國大型倉庫型通路商佩斯（Pace）。相對的，凱瑪特每年的投資金額非常有限。

圖 5-3　沃爾瑪與凱瑪特之土地、廠房與設備投資金額

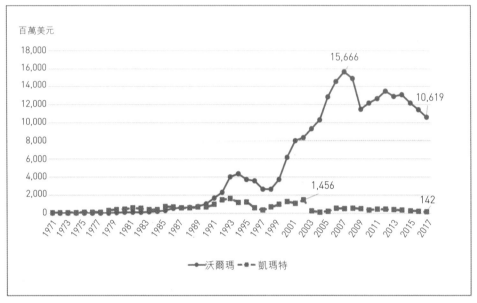

助攻指標 3：沃爾瑪創造營運活動現金流的能力

　　由圖 5-4 可以看出，在 1990 年代，雖然沃爾瑪已經擁有強大的營運活動現金流，但是其擴充實體店面所需的金額更大，沃爾瑪以借貸補足期間資金缺口，展現非常凌厲的攻擊力道。在 2000 年之後，沃爾瑪的營運活動現金流更大，並且遠遠高於展店投資金額。沃爾瑪於是開始發放大量的現金股利，並且買回鉅額的公司股票（stock repurchase）。此舉雖然讓股東每年享受豐厚的現金進帳，但顯示其成長力道已經減退，無法充分運用這些現金於擴張性活動。

圖 5-4　沃爾瑪與凱瑪特來自營運活動之淨現金流量

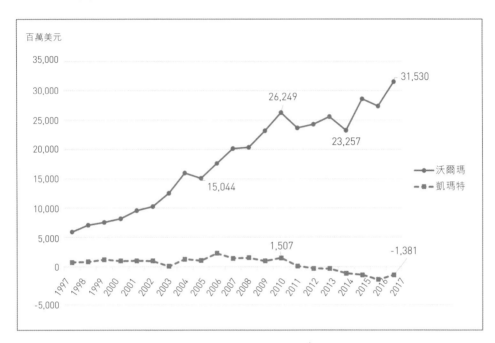

相對的，凱瑪特的營運活動現金流逐漸萎縮，2017 年甚至成為負
13.81 億美元，面臨被淘汰的危機。

「戰果」指標

　　最後，沃爾瑪在營收、獲利及股價上所取得的優勢已經是「戰
果」。以競爭分析而言，當勝負已定時，則戰果指標較不重要。

圖 5-5　沃爾瑪與凱瑪特之營業收入

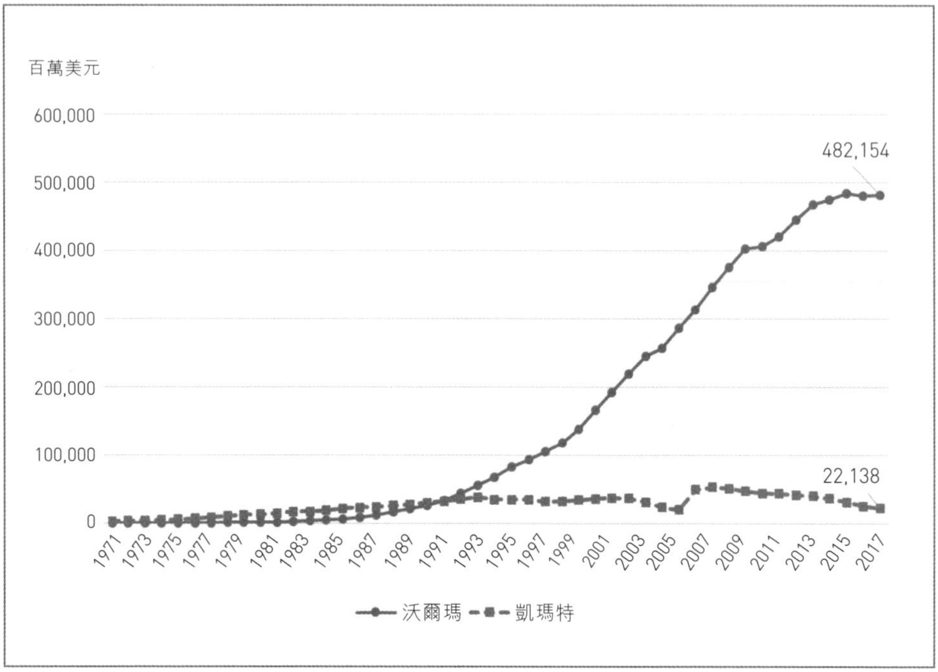

1991 年，沃爾瑪營收正式超過凱瑪特，雙方差距從此快速擴大
（見圖 5-5）。這見證沃爾瑪由「下駟」變「上駟」，凱瑪特由「上
駟」變「下駟」的翻轉。在絕大多數的案例中，一旦產業「上駟」、
「下駟」位階翻轉，幾乎就沒有挽回頹勢的機會。因此，1991 年也
類似於兩家公司的「策略轉折點」；難怪葛洛夫對轉折向下、榮景
不再的窘境，會如此戒慎恐懼啊！

由圖 5-6 我們可以看到，沃爾瑪的淨利在 1980 年代後期開始成

圖 5-6　沃爾瑪與凱瑪特之淨利

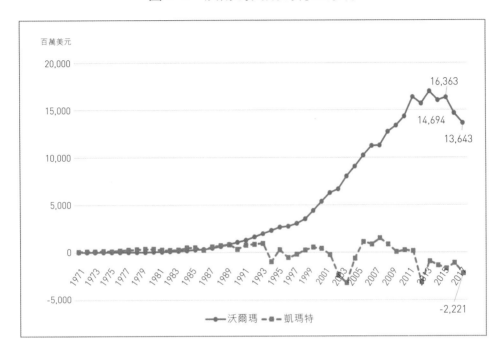

長；而在 2000 年之後，更呈現快速成長的狀態。直到 2010 年後電商平台崛起，使其獲利成長趨緩，甚至有萎縮的趨勢。相對的，凱瑪特成為「下駟」之後，獲利更加不穩定，經常是小賺大虧，雖然在 2004 年和另一家老牌零售商席爾斯合併，但已無助於扭轉頹勢。

　　圖 5-7 中特別值得注意的是，沃爾瑪的獲利成長在 1990 年代到 2000 年代初期最為迅速，故其市場價值也快速增加。沃爾瑪的獲利在 2015 年來到高點，然後在電子商務的強力競爭下開始衰退，市場

圖 5-7　沃爾瑪與凱瑪特的市場價值

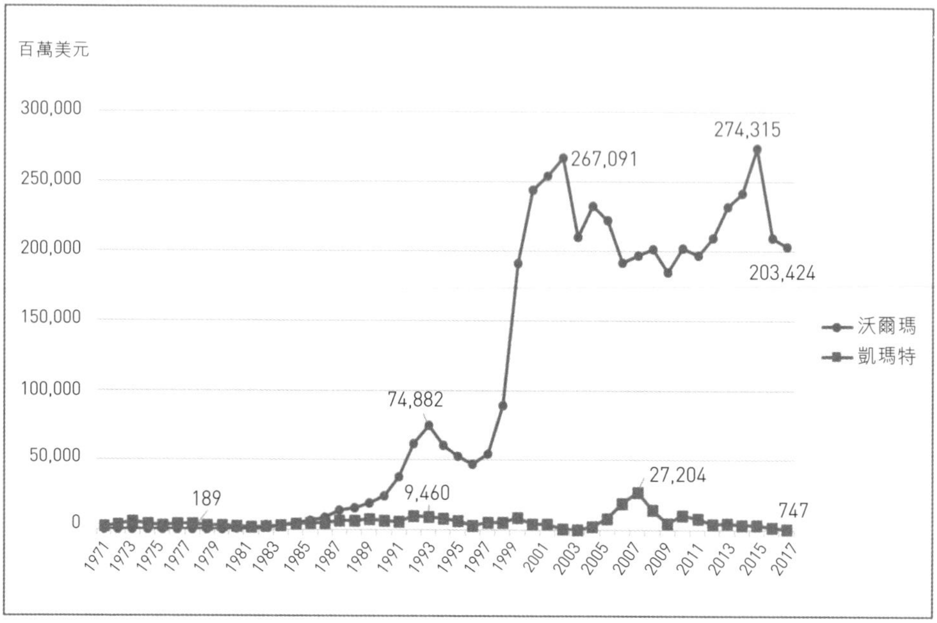

價值也因而不斷下滑。之後，其市場價值也走平，甚至減少。但由於沃爾瑪每年配發豐富的現金股利，並且大量買回公司股票，對股東而言，市值雖然沒有增長，卻依舊有合理的投資報酬率。

凱瑪特為什麼沒有辦法反攻？

凱瑪特其實是有悠久歷史和經營經驗的公司，然而它在成本上相較於沃爾瑪的劣勢，卻是如此顯而易見；難道凱瑪特無法降低自

己的成本，改善自身的競爭條件？事實上，凱瑪特曾多次更換執行長，並用盡九牛二虎之力來改善自己的成本結構，但一直成效不彰。以凱瑪特在資訊科技的投資為例：

- 2000 年 7 月，凱瑪特與軟體商 i2 合作，改善供應鏈系統。然而，i2 只有製造業軟體開發經驗，並沒有零售業軟體經驗。

- 2001 年 2 月，凱瑪特向 IBM 購買並安裝新的銷售點終端收銀機。

- 2001 年 6 月，開始安裝由 Manhattan Associates 開發的倉儲管理軟體，但管理階層不信任這些數據，無法提供太大用處。

凱瑪特在短時間內同時展開不同的資訊系統優化計畫，但由於委任不同開發商，後來變得太過複雜難以整合。此外，計劃之間互相搶奪資源，許多業務的執行流程和新規劃的系統相衝突，各種原因都導致成本居高不下。

這些經營管理困難的根源，是因為凱瑪特過去主要依靠併購方式快速成長，造成資源及系統整合不易。即使到了 2000 年，許多商品的配送，仍仰賴企業總部規劃，而非第一線的零售店就可以彈性

做決定。相對的，沃爾瑪的快速擴充，主要是自主拓店而非併購，因此很容易做到營運模式簡單化、標準化、快速化，這些是降低成本的關鍵。凱瑪特長期無法改善成本結構的劣勢，必然遭遇「久則鈍兵挫銳」（作戰篇第二）的士氣不振窘境，無力再戰。

贏在嚴控成本的企業文化

凱瑪特的成本控制，其實不只是「管理技術」，更牽涉到「組織文化」。「零售就是細節的加總」（Retail is about details），只有在每個小細節上貫徹成本控制，才能累積小勝成為大勝。沃爾瑪有全面嚴控成本的組織文化，但凱瑪特則無。《孫子兵法》說：

勝兵若以鎰稱銖，敗兵若以銖稱鎰。（軍形篇第四）

鎰與銖都是古代的重量單位，鎰大約是銖的 500 倍重。也就是說，取勝必須集結大於對手 500 倍的力量，以取得壓倒性的優勢。

僅以表 5-3 說明「以鎰稱銖」的管理意涵。表中的橫軸代表標準作業流程（SOP）的項目數，縱軸代表平均每項 SOP 優於競爭對手的程度。例如，當 SOP 有 1,600 個，而平均每個 SOP 優於對手 0.004，則累積的相對性優勢就高達 594.21 倍，達到所謂「以鎰稱銖」的絕對優勢。

表 5-3

優於競爭對手的程度 \ SOP 項目數	500	1000	1500	1600	1700	1800
0.001	1.65	2.72	4.48	4.95	5.47	6.04
0.002	2.72	7.37	20.03	24.45	29.86	36.47
0.003	4.47	20.00	89.41	120.64	162.77	219.62
0.004	7.36	54.16	398.63	(594.21)	885.75	1320.33
0.005	12.11	146.58	1774.57	2922.13	2922.13	7323.39

然而，影響組織成本的因素，除了每一項 SOP 的效率之外，更是在執行任何一件工作時對降低成本「勿以善小而不為」的起心動念，這就已經進入到組織文化競爭的層次了。

電路城對百思買之戰

除了凱瑪特之外，美國著名家電通路商「電路城」（Circuit City）是另一個降低成本失敗的案例。電路城是柯林斯（Jim Collins）企管名著《從 A 到 A+》一書中，11 家經典企業中的一員。在這個案例中，降低成本不是真正的挑戰，「如何降低成本而不降

圖 5-8　電路城與百思買營收比較

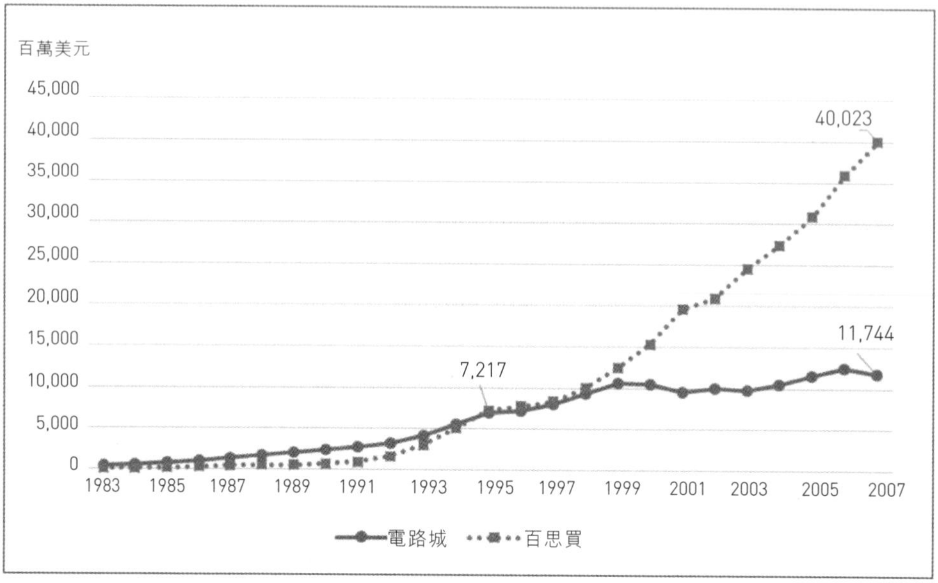

低營收」才是真正的挑戰。

　　電路城1959年開始販賣家電，並於1984年於紐約證交所上市。電路城的主要競爭對手百思買（Best Buy），進入電器零售領域較晚，前身是小型音響零售商，自1983年才開設第一家大型電器賣場。由於成本改革失敗，2008年11月10日，電路城宣布破產重整。2009年1月16日，因為沒有投資人願意接手，電路城確定清算解散。

　　電路城過去都是藉由高額獎金以及高品質服務（連鎖售員的服

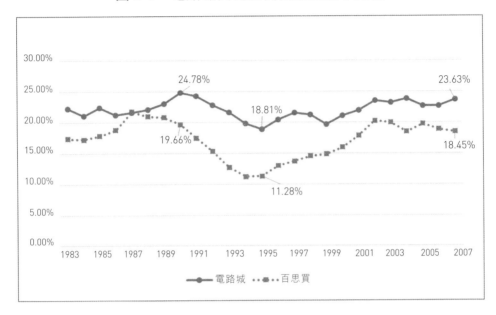

圖 5-9　電路城與百思買營業費用率比較

裝都很講究）來吸引消費者，故其營業費用率一直較百思買高出 3%
至 5%。當競爭對手百思買的營業利潤率只有 3.5% 至 4% 左右時，
成本居高不下導致商品價格較為昂貴，就成了電路城的致命傷。因
此，如何讓電路城的成本曲線向下曲折，就成了最重要的管理議題。

2006 年 3 月，電路城董事會聘請過去曾在百思買工作超過十年
的施科納維（Philip J. Schoonover）來擔任執行長，展開一系列向
百思買取經的變革。2007 年 3 月，施科納維突然宣布解雇 3,400 多
名經驗豐富的銷售人員，理由是他們「太貴」。為了填補空缺，電
路城聘請了一批薪水較便宜的新員工，許多人的學歷只有高中畢業，

也沒有充足的職前訓練就投入賣場。施科納維說這是「成本控制」的成就，當年度還領取了 700 萬美元的獎金，許多員工與顧客因此在網路上抱怨連連。但施科納維沒想到的是，由於銷售員服務品質大幅度降低，電路城的品牌形象迅速下滑，還沒來得及加強員工訓練，就遇到 2008 年金融海嘯，導致營收嚴重衰退。

這不是電路城第一次進行薪資及人力調整。2003 年時，電路城賣場管理人員發現，顧客的知識水準愈來愈高，加上產品汰換週期快速，主動推薦商品未必適合顧客；銷售方式應從主動推銷，改為顧客有問題時協助回答。因此電路城將其所有分店的薪水結構，由獎金制度調整為單一時薪制。而百思買則在更早前，就進行相同的改革。但百思買配套的做法，是加強資訊系統對員工的銷售支持能力，補足員工經驗上的不足。所以電路城的失敗，並不能完全歸咎於薪資改革。但電路城的案例提醒我們，降低成本時必須避免造成營收同步劇烈地下滑。在動態競爭中，電路城由於不當壓縮成本引發營收下滑，營收下滑後再引發進一步的裁員與不合理的成本壓縮。這種惡性循環，我稱之為「向下死亡盤旋」。

來自百思買的執行長，企圖以複製過去成功經歷的方式快速取得成果，卻未深思電路城在體質、資源及核心能耐上與百思買的差異，遂造成電路城進行成本改革卻導致「猝死」的遺憾。

《孫子兵法》警告我們：「勝兵先勝而後求戰，敗兵先戰而後

求勝。」（軍形篇第四）它的意涵是，在競爭中求勝必須先想清楚戰法，否則急於應戰再奢求勝利，非常困難且危險。同時，執行長的決策對企業生死存亡影響甚鉅，正所謂「故知兵之將，民之司命，國家安危之主也。」（作戰篇第二）

惠普對戴爾之戰

個人電腦產業的產品同質性甚高，產品不容易有超額毛利，因此成本控制是決勝關鍵，惠普電腦是成功降低成本而不影響收入的經典案例。

自成立以來，戴爾電腦一直是激進的價格破壞者。戴爾運用直銷（direct sale）帶來的低成本優勢，以不斷降低售價來刺激銷售、擴大市場占有率。如果比較 2005 年以前戴爾與惠普的成本結構，兩家公司的相對競爭力一目瞭然。

戴爾的銷售和管理費用占營收的比率，由 1994 年的 15% 左右，一路下降到 2006 年的 9%。在同一時期，惠普的銷售和管理費用占營收的比重，則由 27% 降到 16% 左右；雖然有顯著進步，但仍舊比戴爾高出近 7% 左右。在淨利率平均只有 5% 左右的個人電腦產業，這種成本結構的劣勢，使惠普處於挨打的局面。

図 5-10　戴爾與惠普的營運費用占營收比率

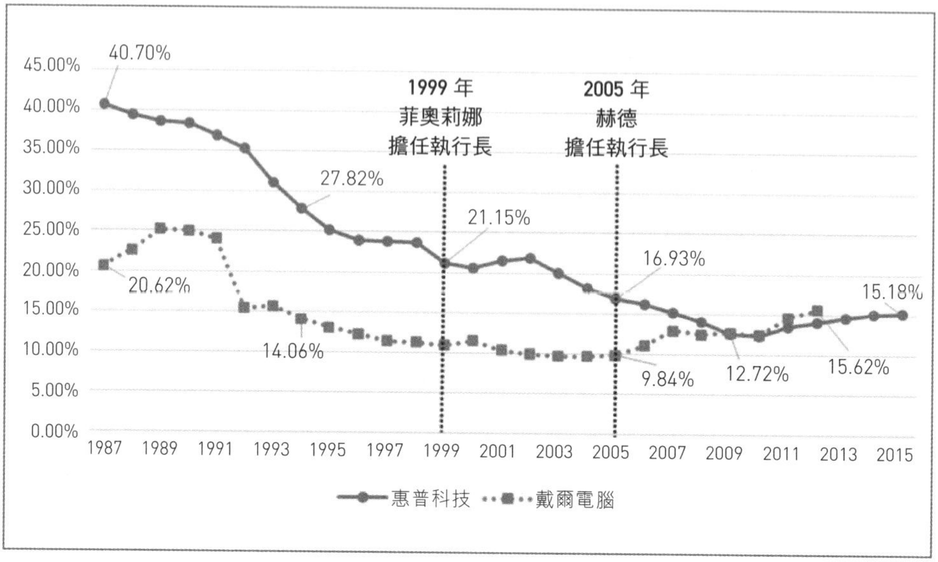

附註：（1）2010 年 8 月，赫德被一名工作上往來的女子指控性騷擾，董事會因此下令調查，意外地發現交往中間的餐費以及額外給予這位女子工作上的報酬，赫德都使用了不實的帳目報銷。董事會認定，赫德並未違反惠普就「性騷擾」所訂定的規定，但他偽造報銷單，違反了惠普業務行為準則，赫德必須辭職。（2）戴爾電腦於 2013 年私有化下市，故無資料；另惠普科技於 2015 年後分家。

　　惠普前執行長菲奧莉娜（Carly Fiorina）由於始終無法改善成本過高的問題，於 2005 年下台，改由赫德（Mark Hurd）上任。赫德接任惠普執行長後，發現惠普之所以無法充分實現公司的潛在價值，不是因為策略方向有問題，而是策略的執行有問題。他指出，許多顧客很欣賞惠普的科技能力，但覺得惠普太複雜，而且太難打交道。例如，有些產品線從顧客到執行長之間，居然有 9 個管理階層。而在有些部門的成本結構中，只有 30% 是該部門可以自行控管，70% 則發生在其他部門身上。無怪乎，惠普的決策過程會如此緩慢，

決策成敗的責任歸屬會如此混淆。在經營風格上，赫德認為惠普太過工程師導向，而非顧客導向；常誤以為只要有好的發明和技術，就會自動有市場和銷售。在財務結構上，赫德則認為惠普的營收成長，主要由低利潤的產品所貢獻，成本結構明顯缺乏效率。赫德的商業智謀，充分顯示在惠普年報裡執行長「給股東的一封信」中。他非常清楚的點出改革的重點及程序，然後有系統的逐漸執行。

一上任，赫德就大刀闊斧地改善成本結構。重點包括：

- 裁掉 15,200 名員工，相當於當時惠普 10% 的人力。其中，最慘烈的是把資訊部門由 19,000 人裁減到 8,000 人。

- 把惠普全球資料中心由 85 個減為 6 個，應用軟體數目由 6,000 個減少為 1,500 個。

- 把員工的薪水調降 5%，並取消許多員工福利。當然，赫德不忘以身作則，把自己的底薪降低 20%（但董事會以較高額的獎金來彌補）。

赫德上任後，第一年的整頓重點是成本控制。但他了解，不能造成類似電路城這種致命的「向下死亡盤旋」。因此，從第二年開始，他的第一優先，是追求「有目標的成長」（targeted growth）。赫德特別重視擁有質優量足的行銷人力，並加強和銷售通路的合作，其次才是成本控制。赫德平均砍掉 3 層的管理人員，節省下來的成本，則投資在建構先進的資訊能力上。他的目的是讓惠普的資訊部門，能成為產業界最高效率的典範。2009 年，惠普的管銷費用率降至 11%，已較戴爾為低。相對的 2007 年以後，戴爾由於新興市場銷售的比重增加，造成消費者透過網路直銷訂購電腦的比重下滑，不得不兼而採取一般通路銷售模式，其管銷費用率持續增加至 2009 年之 12%。可見企業的競爭優勢是動態的、暫時的，主要取決於管理團隊正確的策略與執行力。

由於赫德成本控管開刀的主要對象是資訊部門，我們不禁要問：為什麼資訊部門過度膨脹的問題，無法由資訊長自己察覺，而必須要在造成公司重大負擔之後，再由外來的新執行長進行整頓呢？由此可見企業高階經理人自我反省與節制之困難度與重要性。此外，惠普經理人過去的關鍵績效指標，主要以營收目標達成率為主，反而忽略了存貨堆積、應收款期限過長、現金流週轉太慢等管理的基本功，績效制度設計不良的重大影響由此可見。

赫德在進行惠普成本結構的大幅改造時，也順便創造出一個強而有力的行銷工具。許多大型跨國企業，都為了日益高漲的資訊軟硬體成本而煩惱不已。赫德在惠普大幅整頓資訊成本結構，又能維持全球營收成長，正是他們取經的對象。而這些需求，並不只是採購惠普相關的硬體產品，而是購買一個由惠普規劃執行的資訊整體

解決方案。當惠普於 2000 年併購 EDS（Electronic Data System）後，惠普發展資訊軟硬體整合諮詢服務的布局，愈發明顯。其實，惠普已經愈來愈不像一家個人電腦廠商，反而愈來愈像轉型後以資訊服務為主的 IBM 了。

2015 年 11 月 2 日，惠普正式分割成「Inc.」及「Hewlett Packard Enterprise」兩家上市公司。前者的主要業務仍是個人電腦、印表機等業務；後者則以伺服器、資料儲存設備，以及企業資料安全等加值服務為主。相對的，戴爾採取非常不同的發展方向。為了因應喪失成本優勢後的市場流失困境，戴爾選擇在 2013 年下市（go private），脫離華爾街對短期績效咄咄逼人的壓力，按照長期策略規劃，重新整頓再出發。2016 年，戴爾和資訊設備儲存大廠 EMC（Electronic Data System）合併成為戴爾科技（Dell Technology）。因此在 2016 年之後，惠普和戴爾的競爭，其層面更加複雜，已經不是單純的成本結構優劣的問題了。

用「笑」來增加決策速度的創業家

美國西南航空在 1967 年由克萊勒（Herb Kelleher）創立，總部位於德州達拉斯，如今已是美國的主要航空公司之一，營收第四大，但獲利則是最佳。西南航空是全球廉價航空的鼻祖，是以營運「速度」提升資產應用效率的典範。

創業初期的西南航空虧損連連，1972 年被迫將手上僅有的四架飛機賣掉一架，以換取足夠資金來支付工資等其餘營運費用。這迫使西南航空必須用三架飛機來完成四架飛機的業務，而這也就是後來西南航空「10 分鐘過站」（10 Minute Turn）的由來。

　　當時，西南航空的地勤部門領導人叫富蘭克林，是個經驗老道的主管，他發現通常一班次的航空公司飛機，從降落、疏散乘客、運送行李、重新裝餐、加油等手續到再次起飛，需要花上 45 分鐘至一小時，甚至有些時候飛機必須在空橋上枯等。對航空公司而言，此時的飛機就只是單純的燃燒油料，並無任何貢獻。

　　於是富蘭克林與小組成員們，開始研究飛機由落地到起飛的每個步驟，將原本將近一小時的過站時間，硬是壓到 10 分鐘以內；這需要強大的團隊合作能力才能辦到。首先，西南航空的飛機降落時，機師會立刻主動剎車，並啟動引擎的反向推力，減少緩慢滑行的情況，力求讓飛機以最快速度抵達登機空橋。再來，西南航空的飛行員以及機組人員不使用時薪制，而是以班次計薪，這給了工作人員很大的動機來加快班次的流程。在飛機在駛往登機空橋的途中，地勤人員早就將下個班次的行李準備好了，卸載完當前班次的行李後，下個班次的行李立刻裝載到飛機上。食物等必要物資，也在引擎停下時立刻補充。此外，西南航空的空服人員不會等待地勤人員來清掃飛機，而是在飛行途中趁著空檔便不斷的清掃、整理機艙。而旅客也樂意配合這緊湊的流程，因為這會讓他們等待上下機的時間大

大縮短。

　　這一切，都需要強大的團隊協同合作能力，沒有人可以置身事外。藉此，西南航空創造了 10 分鐘過站的傳奇，以「速度」撐過這段資金危機，更以「速度」降低成本、降低票價，進而成就廉價航空的新典範。

　　克萊勒不論是演講或者接受訪問，中間一定會被他持續 5、6 秒爽朗的大笑聲打斷個幾次。因為這種豪邁自在的人格特質，克萊勒得以充分地融入基層員工之中，不著痕跡的傳布西南航空的組織文化。有一次，克萊勒提到一個有趣案例。有位進公司不到四個月還在試用期的基層員工，寄給他一張帳單。原來因為天候因素，有一架飛往紐約長島（Long Island）的西南班機，迫降在亞特蘭大城（Atlanta）。這位員工自做主張，租了五部大巴士，把急著出差辦公的旅客送過去。這位員工還給克萊勒留了一張字條：「你教我們要能積極主動的照顧顧客權益，我希望你真正相信自己所說的話。」這次克萊勒笑得更大聲了：「我們把帳單付了，並且給這位員工一個特別獎勵。」在這個案例中，「充分信任」以及「獨立自主」的組織文化，帶來了西南航空客戶服務速度的提升。表面看起來，這位基層員工造成成本增加，但這種體貼顧客所形成的組織文化，將產生高度的顧客忠誠度，讓飛機的載客率提升，反而使其成本率降低。

速度，不只來自精實的作業流程，也倚賴由下而上充滿自主性和創造性的員工決策。

參考資料

1. 《縱橫美國：山姆‧威頓傳》（*Sam Walton: Made in America*），山姆‧威頓（Sam Walton）、約翰‧惠伊（John Huey）合著，李振昌、吳鄭重合譯，1993，台北市：智庫文化。
2. Time-Driven Activity-Based Costing, Robert S. Kaplan, Steven R. Anderson, 2007, Harvard Business School Publishing Corporation.

第六章

無窮如天地，不竭如江河——
亞馬遜對沃爾瑪

《孫子兵法》的英文翻譯是「The Art of War」，光憑這一點，就不得不佩服老外的眼光。他們知道，「兵法」不是死板的標準程序，而是藝術。

藝術的重要價值，是用不同角度去看待世人習以為常的事物。任何創新活動，都有藝術的因子，戰爭如此，企業經營也不例外。《孫子兵法》對企業經營的啟發是：防守要靠基本功，所謂「以正合」（例如成本控制）；攻擊要靠創新招，所謂「以奇勝」（例如創新的商業模式）。

孫子用三種比喻告訴我們，兵法就是藝術。

- 兵法像音樂，五聲音階就變化無窮（聲不過五，五聲之變，不可勝聽也）。

- 兵法像繪畫，五種顏色就美不勝收（色不過五，五色之變，不可勝觀也）。

- 兵法像廚藝，五種調味就滋味無窮（味不過五，五味之變，不可勝嘗也）。

這二十年來，把企業經營的像藝術般、新招不絕的代表公司，就是亞馬遜。所謂「善出奇者，無窮如天地，不竭如江河」（以上皆出自兵勢篇第五）。而亞馬遜可以源源不絕推出新招的動能，來自長期「沉溺於滿足顧客」的追求。

比較亞馬遜和沃爾瑪財報中「給股東的信」，兩者風格有著巨大差異。2018 年，沃爾瑪的執行長麥克米龍（Doug McMillon）說道：

首先，我們知道我們顧客生活的忙碌遠勝過往，因此我們首要目標是讓他們每天的日子更好過。顧客仰賴我們的「低價」（low price），也期望我們替他們節省時間（save them time）。

沃爾瑪過去完全著重在「低價」，現在則加上「省時」。但它對於顧客需求的認知，始終停留在提升效率的層次，因此其戰法始終是「正」有餘而「奇」不足。

　　缺乏想像力，但有強大執行力的沃爾瑪，依然是值得敬佩的世界級公司。2017 年，沃爾瑪的總營收第一次超過 5,000 億美元，獲利為 105 億美元（三年來最低），但營運現金流高達 285 億美元，它依然有雄厚的財務實力投資未來，和諸多新興勢力一戰再戰。

　　至於貝佐斯如何把財報當成「兵法」，有效的形塑投資人的預期並溝通長期願景，請看《財報就像一本故事書》的前言──〈淬煉說故事的力量〉（時報出版，2018）。貝佐斯告訴我們，說故事真正的力量，不是文筆的力量，而是領導者「心」的力量。

　　2016 年第四季，巴菲特賣掉了 90% 他持有長達十二年的沃爾瑪股票（市值約 9 億美元）。巴菲特沒有質疑沃爾瑪引以為傲的誠信經營，他感嘆地說：

零售業實在是太難經營了。特別是亞馬遜崛起後，它已經顛覆許多公司，它還會繼續顛覆更多公司。亞馬遜實在是一個「狠、狠、狠」（tough, tough, tough）、有競爭力的公司，而大部分的公司還沒有想清楚要如何對抗它，或者如何參與這個潮流。

本章的目的，是以亞馬遜與沃爾瑪的競爭為主要案例，說明以傳統財報分析的觀念看待新創公司（如電子商務）時可能會出現的盲點，並討論分析創新事業應有的思維。

股價代表經營者的「心」

任何財務學或會計學的教科書，都訴說著同一個道理：

股價是企業未來獲利（或現金流）經合理折現（調整風險大小）的加總值。

所以，股價反應市場對企業未來的想像，可以說是經營者「心」的力量及商業智謀的力量，共同在資本市場中所激起的浪花。

由圖 6-1 可以看到，亞馬遜的股價自 2014 年起大漲，那是因為貝佐斯讓市場相信亞馬遜發展出來的事業，符合「好生意」的三個基本原則：

1. 規模格局可大幅擴張。
2. 能提供豐厚的資本報酬。
3. 榮景可以長期持續。

圖 6-1　亞馬遜與沃爾瑪之市值比較

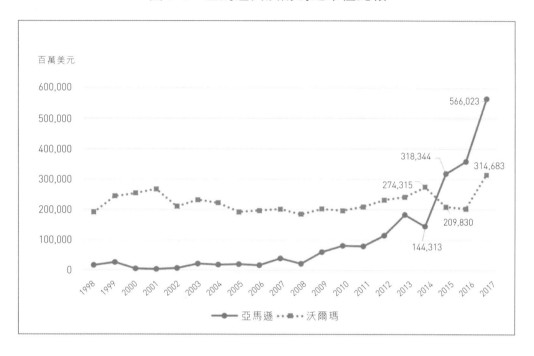

在 2014 年的財報中，貝佐斯用「心」說著，亞馬遜在經過將近二十年的嘗試創新之後，已經擁有了三個「好生意」。它們分別是：

1. **亞馬遜市集（marketplace）：** 讓其他廠商也利用亞馬遜的平台一起銷售，目前全球已有高達 1,200 萬家廠商參與，占亞馬遜總銷售金額的 40% 以上。

2. **快遞服務會員（Amazon Prime）：** 只要付小筆金額加入會員（2018 年年費為 119 美元），就可以享受快

速免費的購物快遞服務，目前全美已有超過 9,000 萬個會員，形成一個穩定成長的高消費金額族群。而其所累積的消費資訊，更是「大數據」（big data）在商業分析中的練兵場。

3. **網路服務（Amazon Web Services, AWS）：** 以亞馬遜從事電子商務的豐富經驗為基礎，對大中小型企業提供網際網路的各種軟硬體服務，營收長速度極快，目前規模已佔亞馬遜總營收將近 20%。AWS 甚至有能力戰勝傳統高獲利的企業諮詢事業領導廠商。例如，2013 年亞馬遜由 IBM 手中搶下美國中央情報局（CIA）布置機密情報的資訊平台，金額高達 6 億美金。

而從圖 6-2 的獲利比較，我們也可以發現，雖然亞馬遜的獲利由 1995 年創立起就遠遠不如沃爾瑪，甚至還時有虧損的情形，但是市場仍然給予高度期望。2014 年，亞馬遜虧損 2.41 億美金，但此後亞馬遜的獲利快速成長，2017 年已經達到 30 億美金，符合上述貝佐斯「好生意」開始發酵的論點。在面對亞馬遜的威脅下，沃爾瑪的獲利則連年衰退，造成目前亞馬遜市場價值遠遠超過沃爾瑪的現象。

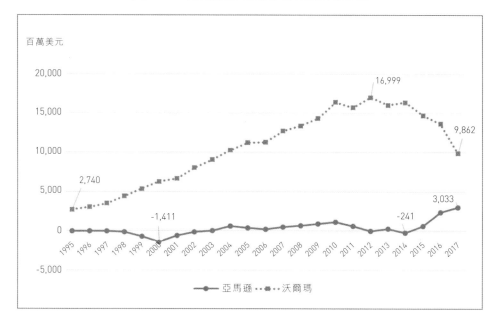

圖 6-2　亞馬遜與沃爾瑪之獲利比較

如何比較傳統零售業與電子零售業

　　在第五章傳統零售業沃爾瑪和凱爾瑪的分析中，最重要的財報比率有二：①防守指標為管銷成本與營收之比率；②攻擊指標則是毛利率，因背後率涉到訂價策略。但要如何從財報中比較傳統零售公司與電子商務公司的相對競爭優勢？當電子商務公司剛開始發展，其成本結構仍不清晰時，這的確是一件困難且容易被誤導的工作。

防守指標討論

傳統的零售商，其損益表上揭露的營業費用，基本上只包含銷貨成本與管銷費用。而這兩大類營業費用占營收的比重，基本上是相當穩定的。

如果我們用傳統的觀點看圖 6-3，會發現亞馬遜的管銷費用率幾乎都高於沃爾瑪，僅在 2004 年到 2010 年的期間，兩者曾拉近距離。這代表亞馬遜在管銷成本的控制上遠遠遜於沃爾瑪嗎？

圖 6-3　亞馬遜與沃爾瑪管銷費用占營收比例

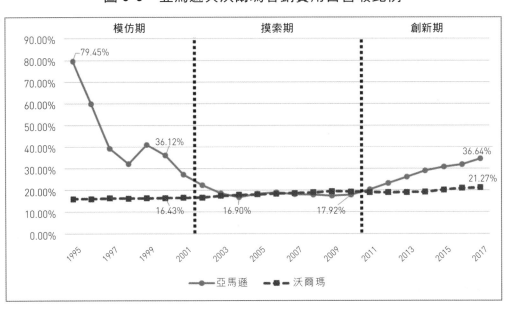

其實電子商務零售業者的營業費用，不只包含傳統上的銷貨成本與管銷費用。由 2002 年起，其管理銷售費用在損益表上細分成四項：

1. 倉儲系統相關成本（Fulfillment）
2. 廣告相關支出（Marketing）
3. 技術與內容（Technology and Content）
4. 一般管理費用

而「技術與內容費用」，則類似科技公司的研發費用，沃爾瑪並無此項目。若將亞馬遜的「技術與內容費用」從管銷費用中扣除，再次比較兩者的趨勢由圖 6-4 可以發現，亞馬遜的管銷費用比率從 2002 年之後甚至低於沃爾瑪，這與凱爾瑪的成本始終高於沃爾瑪大不相同。

亞馬遜管銷費用的「微笑曲線」，大致可以分為三個階段：①模仿挖角期，②摸索嘗試期，③創新有成期。

①模仿挖角期

1997 年亞馬遜上市後，不斷挖角沃爾瑪的重要員工，並盡其所能地模仿沃爾瑪的成本控管優點（包括建立更有效率的波浪型撿貨

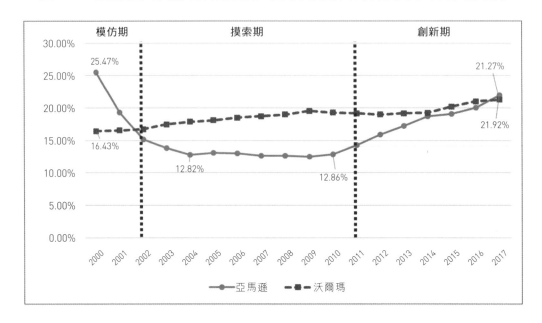

圖 6-4　亞馬遜與沃爾瑪管銷費用（扣除技術與內容費用）占營收比例

系統）。最具指標性的，是 1997 年亞馬遜挖角沃爾瑪的資訊副總達傑爾（Rick Dalzell）。達傑爾是沃爾瑪建立供應鏈系統的重要功臣，在他轉任亞馬遜的資訊長後，為亞馬遜規劃了許多軟硬體設施及作業流程，亞馬遜營收開始飛快成長。1998 年，亞馬遜再度挖角沃爾瑪的前任配銷副總，建立新式的物流中心，使得亞馬遜與沃爾瑪的成本差距更為縮小。

　　沃爾瑪注意到了這些情況，決定做出反擊。1999 年，沃爾瑪控告亞馬遜竊取商業機密，但兩方最後以和解收場，沃爾瑪實質上並

沒有對亞馬遜造成太大影響。例如，亞馬遜不會以調動員工職位來滿足和解要求，而最核心的人物達傑爾仍繼續擔任亞馬遜資訊長。快速的營收成長及成本優化，使得亞馬遜的管銷費用占營收比率快速降低。1995 年亞馬遜的管銷費用比率曾高達 79%，到了 2000 年已降低至近 36% 的水準，下降幅度極大。

值得一提的是，1996 年沃爾瑪曾推出自己的電商平台 Walmart.com，但由於沃爾瑪當時並不認為電子商務會是未來的趨勢，因此並沒有放太多心力在經營平台。2000 年時，Walmart.com 甚至發生網路訂單無法保證出貨以及緊急下架維修的窘境，其穩定性與亞馬遜相差甚遠。

②摸索嘗試期

隨著開始建置自己的倉儲系統以及通路網絡，2002 年亞馬遜意識到自己已與傳統的零售業不同，便開始細分管銷費用，將其分為前述的倉儲系統相關成本、廣告相關支出、技術與內容及一般管理費用。而隨著通路布建與內部管理系統的開發逐漸完善，亞馬遜的管銷費用平穩下滑，2004 年到 2010 年間都維持 17% 左右的水準，與沃爾瑪相去不遠。而若扣除掉「內容與技術費用」，亞馬遜的管銷費用更是比沃爾瑪低了 6% 至 8%。

在這個不斷摸索自己定位，挖掘各種可能機會的期間，亞馬遜未來重要的服務開始萌芽（例如雲端服務〔Amazon Web Service〕）。雲端服務當時只是為了應付亞馬遜快速成長的流量以及業務，計畫開發一套內部使用的高效整合系統。但隨著投入更多的開發工程師及資源，這套系統逐漸成長到可服務公司以外的客戶，最後雲端服務竟然成為亞馬遜的重要成長引擎，這恐怕是當時開發者始料未及的。

③創新有成期

2011 年後，亞馬遜的管銷費用比率又逐漸上升，原因是隨著亞馬遜的電商體系逐漸完善，布置更健全的物流網，並且開發多項業務（例如會員服務、雲端服務等），其倉儲系統相關成本以及研發成本也開始大幅上漲。

2011 年時，亞馬遜的研發成本為 29.09 億美元，占整體營業營收的 6.05%；倉儲系統相關成本為 45.76 億美元，占整體營業費用的 9.52%。但到了 2017 年，研發費用已經成長到 226.2 億美元，占整體營收的 12.72%；倉儲系統成本為 252.3 億美元，占整體營收的比例為 14.20%，成長非常驚人（見圖 6-5 及圖 6-6）。

相對於沃爾瑪的管銷費用率穩定到有如一條水平線般，亞馬遜

圖 6-5　亞馬遜技術與內容費用及占營收百分比

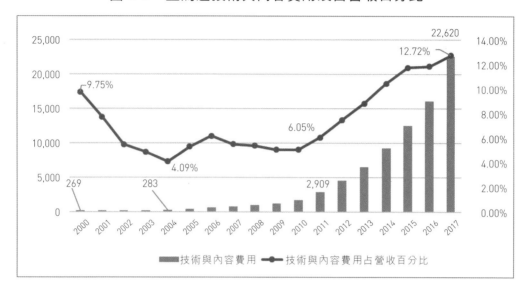

圖 6-6　亞馬遜倉儲費用及占營收百分比

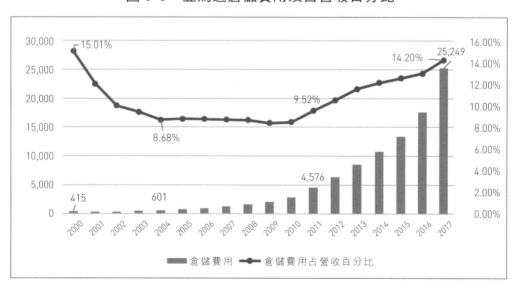

的營業費用率於「創新有成期」急速上升。在亞馬遜的新創事業營收尚未呈現爆發性成長前,其管銷成本的增加非常容易被誤解成經營管理的缺乏效率。沃爾瑪會因為「看不懂」,而產生「看不起」的誤解;然而當沃爾瑪看懂之後,恐怕就要陷入「來不及」的競爭困境了。

另一方面,沃爾瑪仍然在電商領域掙扎奮鬥。2008 年收購科技公司 Kosmix,期望改善沃爾瑪的電商平台技術;2012 年更投資中國電商平台 1 號店,可惜仍不敵中國本土的阿里巴巴與京東商城的競爭;2016 年,沃爾瑪將 1 號店出售給京東商城。但隨後沃爾瑪又併購美國電商平台 Jet.com,期望能夠替自己的電商平台帶入新氣象。雖然沃爾瑪在電商平台的表現似乎尚無重大進步,但沃爾瑪規模龐大、財務資源雄厚且實體通路布建完備,其反擊力道仍不容小覷。

特別值得注意的是沃爾瑪的實體店面。在資訊平台與物流平台的充分整合之下,實體店面搖身一變成為威力極大的小型快速發貨中心,對「最後一哩」商品的快速配送有莫大幫助。這些資源讓沃爾瑪對亞馬遜的後續競爭,仍值得追蹤觀察。

攻擊指標討論

接下來，我們觀察亞馬遜與沃爾瑪的攻擊指標——毛利率（見圖 6-7）。

在仔細分析兩者的毛利率之前，我們必須先來澄清兩家公司對於銷貨費用（cost of sales）定義上的不同。以 2017 年的財報而言，可以發現沃爾瑪對銷貨費用的定義較為傳統，除了貨品成本之外，還包含貨物在企業內部運送到各個店面的花費。但是對亞馬遜來說，銷貨費用除了舊有的定義之外，還包含數位內容（亞馬遜影片及亞馬遜音樂）費用，內部物流作業材料、物流中心設備成本以及運送費，付款處理與相關的交易成本等等。銷貨費用的成本差異，反映了兩者營運模式上的不同。

我們同樣以亞馬遜的成長三階段來分析毛利率的變化。

①模仿挖角期

初期還是電子書商的亞馬遜，完全了解低價之於零售業的重要性。而隨著挖角沃爾瑪的重要核心成員，亞馬遜的供貨成本開始下滑，連帶使得毛利率上升。接近 2000 年時，亞馬遜從電子書商擴展到販賣電子產品以及影音光碟等產品，這些產品也比原本的書籍毛利更高，短期之間推升亞馬遜的毛利率超過沃爾瑪。

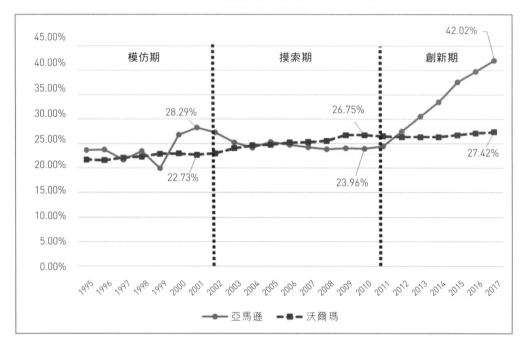

圖 6-7　亞馬遜與沃爾瑪毛利率比較

②摸索嘗試期

　　2000 年後，亞馬遜開始將自己的版圖拓展到家庭民生用品，並利用自身優勢，將價格壓到與沃爾瑪差不多的水準，連帶使得亞馬遜整體毛利率下滑，開始與沃爾瑪進行價格戰。同時，亞馬遜不斷大力建構自己的通路及倉儲系統，以期能正常供應大量訂單。像亞馬遜這種電子商務公司，在建構如此龐大的配送通路系統時，其成本會計算在銷貨費用中，應該會使毛利率大幅減少。然而若我們觀察圖 6-7，可發現亞馬遜的毛利率只略低於沃爾瑪而已，原因是隨

著亞馬遜大量布置通路系統，以及大力研發內部管理系統後，成本管理出現綜效，使得亞馬遜的銷貨費用也降低了，這讓亞馬遜在探索嘗試的期間，仍能維持一定的毛利率。

然而，如同之前所討論的，亞馬遜因為在「技術與內容」投下了鉅額費用，導致其利潤率相當差，也讓市場上對電子商務公司產生了「不會賺錢，終究只是泡沫」的疑慮。

③創新有成期

2011 年後，亞馬遜的雲端服務以及會員訂閱服務等收入的比重開始上升。這些業務如前所述，屬於高毛利的業務，也讓亞馬遜的毛利率開始快速上漲。此時的亞馬遜，不再只是一家單純的電子商務零售公司，而是一家新型的科技服務公司了。2010 年亞馬遜的毛利率為 23.96%，2017 年已成長至 42.02%。

在經歷了三個期間後，亞馬遜的毛利率反映了其不斷變化的趨勢，由一開始單純的電子書商到今天的科技服務巨擘，若單純以傳統零售商的角度來審視亞馬遜的「毛利率」，絕對會誤判情勢而不得其解。

這一切的變化，都不是新創事業的投資初期就已經預見的，而

是以「沉溺於滿足顧客」的專一精神，不斷去嘗試各種可能性、不斷的研發，最後方能見到各種新業務開花結果（例如雲端服務、訂閱會員服務等）。而在沃爾瑪終於理解不能以狹隘的眼光去看待亞馬遜時，亞馬遜已經成長為截然不同的多角化平台企業了。

亞馬遜對好市多

亞馬遜新興的會員服務業務，令人聯想到另一家零售業者龍頭好市多（Costco Wholesale Corporation）。好市多成立於 1983 年，是美國第一大會員制連鎖量販店。2017 年，好市多的總營收為 1,290 億美元，其中 1,261 億美元來自商品銷售，29 億美元是會員費（Membership fees）收入，獲利約 28 億美元。這種利用會員費賺取收益的方式，最大的特色便是極低的毛利率──唯有利用低價配上高品質產品，才能吸引消費者註冊會員並支付年費。

由表 6-1 我們可以發現，在扣除會員費的影響後，好市多的毛利率只有 10% 左右，遠低於亞馬遜及沃爾瑪的 20% 至 30%，由此可見好市多訂價的低廉。而在進一步扣除管銷費用後，營業收益率只剩下 1% 左右。這顯示在商品銷售部分，好市多的利潤極薄。相對的，雖然會員費收入僅占總收入的 2% 左右，卻是好市多的主要利潤來源（約占七成）。

表 6-1　好市多的會員費收入占比及影響

	2013	2014	2015	2016	2017
會員費收入占總營收比重	2.17%	2.16%	2.18%	2.23%	2.21%
毛利率（扣除會員費收入影響）	10.62%	10.66%	11.09%	11.35%	11.33%
管理銷售費用占營收比（扣除會員費收入影響）	9.82%	9.89%	10.07%	10.40%	10.26%
營業收益率（扣除會員費收入影響）	0.75%	0.72%	0.96%	0.88%	1.00%
會員費收入占營業利益比率	74.88%	75.40%	69.90%	72.06%	69.40%

值得注意的是，近年來亞馬遜會員服務的便利（如影音、快速到貨等），也吸引愈來愈多人註冊成為會員，若未來亞馬遜能提供的貨品價格愈來愈低且範圍更廣，就極有可能變成好市多的強力競爭對手。

亞馬遜對京東

中國電子商務產業飛躍似的成長，已在全球占有舉足輕重的地位，其中京東商城（JD.com）非常具有代表性。京東商城 2004 年創立，起初只販賣電腦產品，一直到 2010 年左右，才開始提供更多樣的商品選擇，其發展策略多處模擬亞馬遜。

京東創辦人兼執行長劉強東發現，就物流成本占營收比率而言，美國大概 7% 至 8%，日本大概 5% 至 6%，而中國的物流成本竟高達

17% 以上，幾乎吞噬掉電子商務公司所有的利潤。根據京東商城自己的統計，中國每一件商品從離開工廠大門到達消費者手中，中間要搬運五到七次，得耗費許多成本和時間。因此京東商城開始自建物流系統，立志在中國創造屬於自己的完整通路體系。

相對於在電子商務領域耕耘許久的亞馬遜，京東無論是在營收或是獲利上，都相差甚遠。2017 年，亞馬遜營收為 1,778 億美元，京東只有 556.8 億美元。兩者的營收結構也有差異。2012 年亞馬遜的營收有 85% 來自產品收入，15% 來自服務收入；到了 2017 年，亞馬遜的服務收入已經成長到 33%，接近三分之一。而京東的服務收入占比只由 2012 年的 2% 成長到 2017 年的 8%。

在獲利方面，由圖 6-9 可明顯看出亞馬遜近幾年的獲利大幅提升，呈現快速增長的趨勢；而京東的獲利仍舊不穩定，呈現大幅波動的狀態，直到今年才停止虧損。

而若我們觀察圖 6-10 兩家企業的自由現金流量（Free cash flow，指營業活動現金流減去必要的資本支出，代表企業的財務彈性高低），可以發現亞馬遜除了 2017 年因併購有機食品零售龍頭「全食物市場」（Whole Foods Market）花費 132 億美元，導致自由現金流量為負之外，基本上都能維持正的自由現金流量。而京東則是自上市以來，幾乎都處於負自由現金流量的狀況，這代表京東目前仍無法以本業收入撐起投資需求，在財務體質的健全上仍遠

圖 6-8　亞馬遜與京東商城營收比較

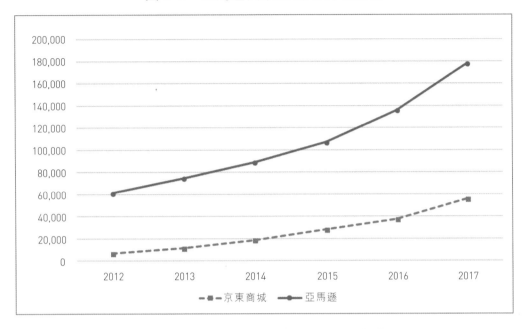

圖 6-9　亞馬遜與京東商城獲利比較

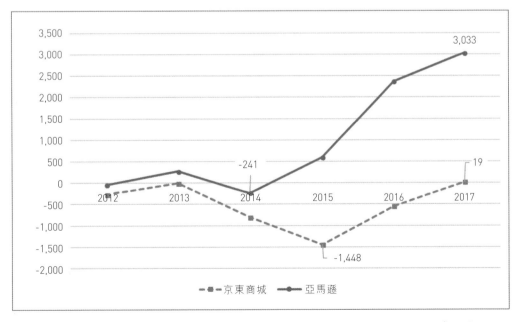

圖 6-10 亞馬遜與京東商城自由現金流量

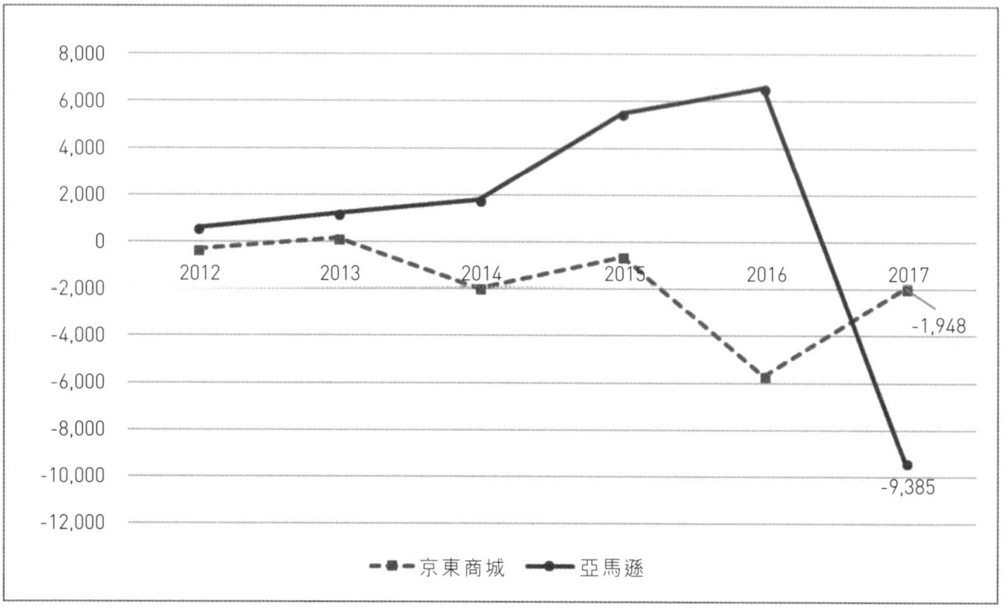

遜於亞馬遜。

　　亞馬遜雖以電商平台起家，但對物流系統相當注重，包括利用機器人、無人機等高科技設備，輔以亞馬遜的強大計算能力，不斷優化自己的物流；在各地也廣設倉儲系統，建立運送車隊，就為了能在第一時間將貨品送交至顧客手上。同樣的，京東商城也積極部署它的物流系統，目前京東的自營物流已經可以覆蓋中國大多數地區，其他未能涵蓋的地區則交由第三方物流來作業。不難發現，實體的物流網已經是電商平台的兵家必爭之地。

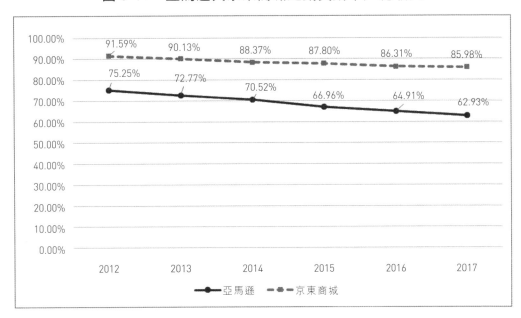

圖 6-11　亞馬遜與京東商城之銷貨成本／總收入

亞馬遜 (2012) 75.25%　(2013) 72.77%　(2014) 70.52%　(2015) 66.96%　(2016) 64.91%　(2017) 62.93%

京東商城 (2012) 91.59%　(2013) 90.13%　(2014) 88.37%　(2015) 87.80%　(2016) 86.31%　(2017) 85.98%

　　若我們觀察亞馬遜以及京東商城近六年銷貨成本占總收入的比例（如圖 6-11），可以發現兩者的占比皆呈現逐漸下滑的趨勢。除了因銷售量提升使得產品成本下降之外，更重要的是對兩家廠商來說，他們投入物流網的資源得到了回報。隨著物流網逐漸完善、銷貨量提升，代表有更多收入來分擔建置物流網的成本。

　　此處值得注意的是，若我們以傳統分析零售商的角度來看電商平台，將造成分析上的盲點。由於把物流網的建置成本納入銷貨成本中，使得電商平台的銷貨成本占比較傳統零售業高，投資人可能

會誤以為它們在銷貨成本上的議價能力較低或沒有競爭力；但其實這是電商平台正積極投資的跡象。同樣的，電商平台的銷貨成本營收占比下降時，不單單只是因為它們在採購上更具議價能力，也因為物流網建置的成本隨著銷貨量上升而產生規模經濟。這些都是在解讀電子商務公司的財報時必須特別注意的重點，否則很容易產生誤解。

亞馬遜整體的管銷費用率遠高於京東商城（見圖 6-12），主要是因為技術與內容費用率及倉儲系統相關成本率都較京東高出 5%

圖 6-12　亞馬遜與京東商城之管理銷售成本／總收入

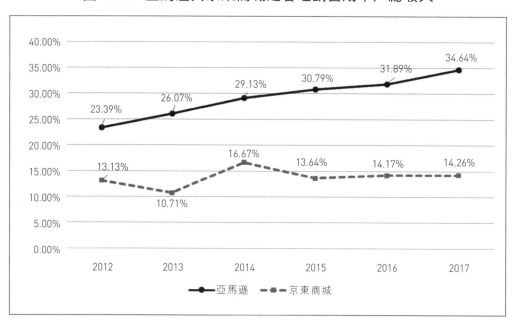

至 10% 左右。而隨著亞馬遜的投資規模不斷成長，近年來兩者管銷費用率的差距正不斷擴大。可見亞馬遜的數位技能投資與能耐均大幅超越京東商城。

創新不竭如江河

京東近年來以物流效率在中國著稱，阿里巴巴董事長馬雲喊出「中國 24 小時，全球 72 小時」的口號，要旗下的物流系統迎頭追上！但京東不甘示弱，喊出「全球 48 小時到貨」的目標，無論如何都要守住物流網的優勢。而這些優勢的形成，背後仰賴的是大量採用最新的電子資訊科技。

2018 年 6 月，Google 與京東正式成為策略夥伴，Google 將投資京東 5.5 億美元，期望藉由 Google 的技術優勢加上京東的供應鏈及物流能力，打造包括美國及歐洲在內的全球多地區合作零售方案，希望能搶先建設出適應全球生態的零售系統。

其實對於海外市場的物流系統，京東早已開始準備。早在 2015 年，京東就已經開始建立海外倉庫，包括香港、東京、洛杉磯等地。就連對物流業難度極高的印尼，京東也已有所斬獲。破碎的島嶼地形使得在印尼建設物流系統有相當的困難度，但目前京東已經可以在印尼七大島共 483 個城市運送貨物，時間也比過去的五到七天還

短。如今再加上 Google 的技術協助，京東未來的物流能力應可繼續提升。

　　有趣的是，Google 會加入這場零售業戰局，也與亞馬遜有關。電商平台的廣告一直都是 Google 廣告業務的重要收入來源，但自從亞馬遜 Echo（亞馬遜推出的搭載智慧語音助理的小型音響，消費者可以用簡單口頭描述的方式，進行貨品下單）受到歡迎，已逐漸威脅 Google 網路購物廣告的流量；加上亞馬遜的廣告收入正不斷成長，促使 Google 決定加入這場電商之戰。

　　這種種的策略聯盟、商業模式變革、數位科技創新以及超級大型平台企業的興起，只要稍有疏忽，就會在意想不到的地方被擊敗；而到底誰是競爭對手，也變得更為模糊。因此，企業更需要具備迅速調整定位及改變戰法的能力，《孫子兵法》所謂「無窮如天地，不竭如江河」的創新能耐，也就益發重要了。

參考資料

1. Statista.
2. https://www.statista.com/statistics/788109/amazon-retail-market-share-usa/
3. Lionel Giles (translation), 1910, *The Art of War*.

第七章

善戰者，勝於易勝者也——
台積電對三星電子

2015 年 10 月 17 日，台積電創辦人張忠謀應邀到台大管理學院，對 EMBA 同學發表「我的經營經驗與經營哲學」演講。在說到台積電的創業發想過程時，張忠謀感性的以王國維《人間詞話》中著名的文學評論來闡述心路歷程。

王國維說：「古今之成大事業、大學問者，必經三種之境界。」1987 年創立的台積電，是半導體產業中的大事業，毫無疑問。因此，以下的三種境界，雖是評論文學，但評論產業也極貼切。而其中點滴心境，非大事業家不能道出。

第一種境界：「昨夜西風凋碧樹。 獨上高樓，望盡天涯路。」張忠謀說：「望盡天涯路，發現無路。」為何無路？韓國三星電

子會長李健熙，曾邀張忠謀與幾位台灣電子產業核心人物去參觀三星。三星的創業精神、執行力以及在半導體的布局規模，令參觀者有走投無路，不知如何取勝的震撼。

第二種境界：「衣帶漸寬終不悔，為伊消得人憔悴。」（柳永，《鳳棲梧》）這裡的「伊」，在台積電創業初期時，是苦思避開與三星直接競爭的商業模式；在台積電快速的成長過程中，則是苦思事業經營中每一個大大小小的決策。

第三種境界：「眾裡尋他千百度，驀然回首，那人卻在，燈火闌珊處。」（辛棄疾，《青玉案》）。對所有新觀念的突破，此語都非常貼切。張忠謀在歷經「無路」、「苦思」後，於燈火闌珊處找到創新的商業模式 —— 晶圓代工。

晶圓代工的商業模式，如今已是耳熟能詳。但其實踐所需的企業文化與人才培育機制，則極為細膩精深，詳見第九章有關「台積電將才培育」的討論。

以《孫子兵法》而言，面對像三星這種強大的競爭對手，最重要的取勝之道是「善戰者，勝於易勝者也。」（軍形篇第四）簡單的說，由商業模式到產品選擇，如果和三星類似，那就是正面衝突，而妄想在不易勝之處取勝，極難存活。台灣 DRAM 產業面對三星強力競爭，最後幾乎全軍覆沒（只有南亞科技成為美光的代工協力

夥伴，仍然存活），就是血淋淋的教訓。而台積電獨創的晶圓代工商業模式，雖仍有半導體巨大設備投資、高風險的特性，但因為避開了三星在商品研發製造的優勢，進入高度客製化、差異化的製造服務領域，此種創新戰法則為三星所不及。

本章將以財報資訊，具體分析台積電與三星的特性和競爭，並更進一步討論全球半導體生態圖中的競爭活動。但在進入主題之前，請讀者欣賞作為差業化策略的代表性廠商路易威登的作為。「差異化」，不是只有策略、產品、服務等具體商業行為。要維持「差異化」，最根本的是「心」的力量──這是一種追求獨特價值，不肯模仿他人的堅持；一種對自家產品及服務價值的信心；一種可以對抗顧客強大降價要求及轉單威脅的意志。而這種堅持與能耐，最終會表現在財報的具體數字上，例如較高的毛利率。

超凡之心才撐得住差異化──山谷中的服裝秀

1995 年，著名華裔建築師貝聿銘接受日本宗教團體「神慈秀明會」會長小山美秀子（Mihoko Koyama, 1910-2003）委託，在滋賀縣山上（離京都 30 公里）建造一座私人美術館。當貝聿銘進行現場地形探勘時，腦海中浮起陶淵明〈桃花源記〉描寫的景象：「林盡水源，便得一山。山有小口，仿佛若有光，便舍船，從口入。初極狹，才通人。復行數十步，豁然開朗。」於是，他在山上打出

一個彎曲狹長的隧道，一走出隧道口，是一座鋼索吊橋，遠遠可以看見三分之二埋在地下的美術館主體。1997 年，這座 MIHO 美術館正式開幕，與大自然融合無間的世外桃源意象，立刻讓世人讚嘆不已。MIHO 美術館被美國《時代》雜誌選為全球十大建築，也是貝聿銘生平代表作之一。

貝聿銘或許也很意外。2017 年 5 月 15 日，在 MIHO 美術館慶祝開幕 20 週年、以及他自己慶祝 100 歲生日時，由 MIHO 的隧道中一個個走出來的，不是「晉太原中武陵人」，而是全球精品產業龍頭路易威登的時裝模特兒。在這場別開生面的時裝秀中，路易威登邀請其全球貴賓約 500 人到日本參與這場盛會，並負責所有食宿交通費用。路易威登動員包括男女模特兒、燈光、美術、音效等約 300 位工作人員，在一向遠離塵囂的山谷中，留下一道奢華的軌跡。

這就是路易威登，不斷顛覆我們的想像，使其品牌代表著藝術與創造力。而談到藝術，又有誰會去斤斤計較藝術品的材料成本和藝術家的人工成本呢？路易威登提升品牌的活動，在財報上留下非常獨特的痕跡。2017 年路易威登的損益表，很清楚的顯示它有龐大的營收（426 億歐元）和淨利（51 億歐元）。此外，它享有極高的毛利率（65.3%），但也需要極高的管銷費用率（45.8%）來營造奢華品牌的尊榮感（上述 MIHO 美術館的時裝秀，就是路易威登如何花大錢的範例之一）。而成功品牌操作的成果，是長期穩

定成長且豐厚的利潤。在路易威登 2017 年的資產負債表中，金額最大的就是因併購活動所造成的商譽（goodwill，165 億歐元），第二大則是品牌價值（137 億歐元）。這兩大項都是所謂的無形資產，建立在顧客和投資人對其產品「差異化」的認同。

其實，路易威登本身是個包括六十多個精品品牌的組合。精品業的靈魂，是品牌的創意總監（即設計師），他們持續推出讓消費者驚艷的作品。而路易威登能常保競爭力，壓倒其他「中駟」與「下駟」的重要原因，是提供創意人才更大的舞台及更多的創作資源。例如，2012 年路易威登挖走了以極簡風格著稱的德國品牌 Jil Sander 設計師賽門斯（Raf Simons），請他擔任旗下克里斯汀‧迪奧（Christin Dior）的創意總監。賽門斯的第一個任務，是在八週內推出第一次的高級訂製服系列。賽門斯在極短的時間內推出讓市場激賞的作品，除了自身的才華，迪奧本身擁有的堅強製衣團隊（平均年資約三十年工作經驗），也是一大助力。而秀場四面牆壁上布滿了五彩繽紛鮮花的場景，更是讓看秀的賓客們驚嘆不絕。賽門斯從小熱愛花卉，當他提出讓會場鮮花滿布的想法，待路易威登董事長阿諾特（Bernard Arrnault）對預算點頭，就有 50 個專業人員在 48 小時內將鮮花插遍會場。這種大舞台大資源，讓路易威登吸引源源不斷的創意人才為其效命。

不論產品或服務為何，堅持採取「差異化」策略者，在組織文化及核心能力上，必須有著路易威登每年在年報上揭露的聚焦

點——對創造力的熱情（passionate about creativity）。而這種熱情最終會產生被市場認同的超額價格（premium price），否則將無法支撐對尖端人才、技術、設備等應有的投資。反過來，當創造差異化的能耐減退或消失時，對超額價格的堅持，會讓自以為有產品或服務差異化的企業，暴露在被新興企業猛烈攻擊的風險，甚至被淘汰出局。

全球半導體生態

　　本書前面章節，主要提供個別企業及競爭對手的比較分析。但在進行這種企業對企業的財報分析時，應該要對企業所處的產業生態有著清楚的認識，才不至於見樹不見林。因此，在比較台積電和三星的競爭時，讓我們先看看全球半導體重要廠商的相互關係，及衍生出來的半導體生態（圖 7-1）。本章將擇要對這個生態圖中的攻防與成敗加以討論。

三星電子 DRAM「勝於易勝」的競爭策略

　　正因為半導體需要大投資、存在高風險，這個行業著名的領導人，都具有高超的商業智謀與旺盛的企圖心。例如，所有見過三星電子會長李健熙的人，都對他強烈的戰鬥意志印象深刻。在三星電

圖 7-1　全球半導體重要廠商生態關係圖

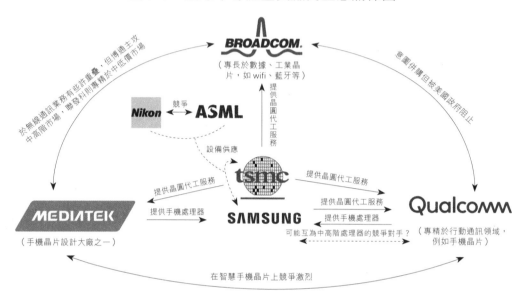

子研究所，掛著三星創辦人李秉喆手書的「無限探求」四個字。如果能真正做到這四個字，三星就有能耐進入任何一個它想進入的行業。2016 年，我到瑞士巴賽爾市（Basel）參訪全球第二大的諾華藥廠（Novatis），諾華的策略長與學習長（Chief Learning Officer）負責接待我。他們表示三星的代表團才剛來洽談未來可能的合作事宜，因為三星已經啟動進入製藥產業的計畫。三星團隊對製藥所知有限，但自信滿滿到有些傲慢。他們說：「給我們十年，三星沒有什麼事做不到。」這就是「無限探求」的精神，但能否成功就要看執行力了。

DRAM 製造為資本密集產業,每年的資本支出極大,且一旦投入後,這些資產很難轉換為其他用途,因此進入及退出的障礙都高。DRAM 產業學習曲線效果明顯,技術領導的公司享有高價格、高良率、低成本。此外,DRAM 為同質性產品,市場的供給與需求決定其價格。產品生命週期短,使存貨跌價的風險高。其終端產品多為消費性電子產品,像是手機、平板、電腦等,消費者對價格的敏感度高,一旦終端產品價格受到衝擊,下游業者(如蘋果、戴爾、華碩等)就會把降價壓力轉移給 DRAM 製造商,造成價格大幅波動,出現不是大好就是大壞的現象。

三星原本是 DRAM 產業的「下駟」,它是如何翻轉競爭態勢成為「上駟」呢?因為三星懂得「勝於易勝」的精要。

在這邊,我們仍以「上下都亢」的角度來分析。

1. 三星「都」的優勢:決策上以長期思考勝過競爭對手的短期思考,並採取「曲道加速」的戰略。

DRAM 產業暴起暴落的特性,反而是三星的機會。由於競爭對手多數為歐、美、日的上市企業,在景氣低迷時,為了穩定利潤,通常會降低研發費用、調降擴廠的資本支出。但由於三星是韓國政府扶持的家族企業(其子公司三星電子 1989 年才公開上市),沒

有短期中股東報酬率的壓力，能在景氣谷底大舉增加資本支出，以拉近與競爭者在技術和產能上的差距。追趕幾個產業景氣循環後，三星就由「下駟」變成「上駟」了。例如，在 DRAM 景氣低迷的 1983 年至 1985 年，三星卻大幅投資；從圖 7-2 及圖 7-3 也可看出，2008 年金融海嘯後景氣未明，三星仍大膽加碼於資本支出與研發費用。

2017 年，三星再次大幅增加資本支出，砸下超過 400 億美元的重金，其中三分之二投資於半導體部門（生產記憶體）的擴充產能，以及發展 10 奈米製程；另外三分之一則用在顯示器（彈性螢

圖 7-2　三星與台積電資本支出

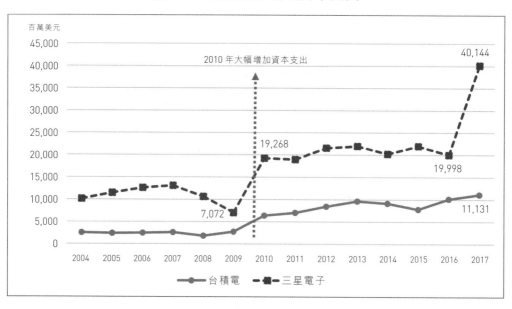

幕）上。這是三星史上最高的資本支出，也是 2017 年全球資本支出最高的企業。

2. 三星「亢」的優勢：三星在資金上有韓國政府的支持，在景氣低迷「曲道加速」時，依然可以取得充沛資金。然而 1998 年的亞洲金融危機，暴露了三星「亢」的風險。

　　三星在 1990 年代負債比率相當高，約在 80% 至 90% 上下；1997 年亞洲金融風暴時，高負債的財務結構使得三星岌岌可危。

圖 7-3　三星與台積電研發支出

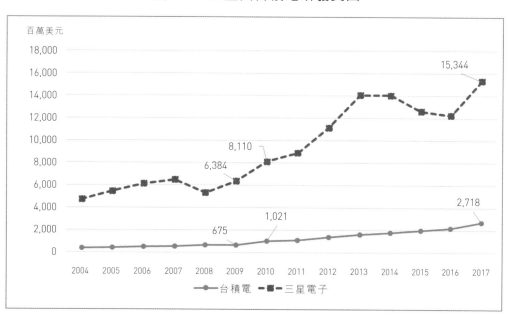

圖 7-4　三星與台積電整體負債比率

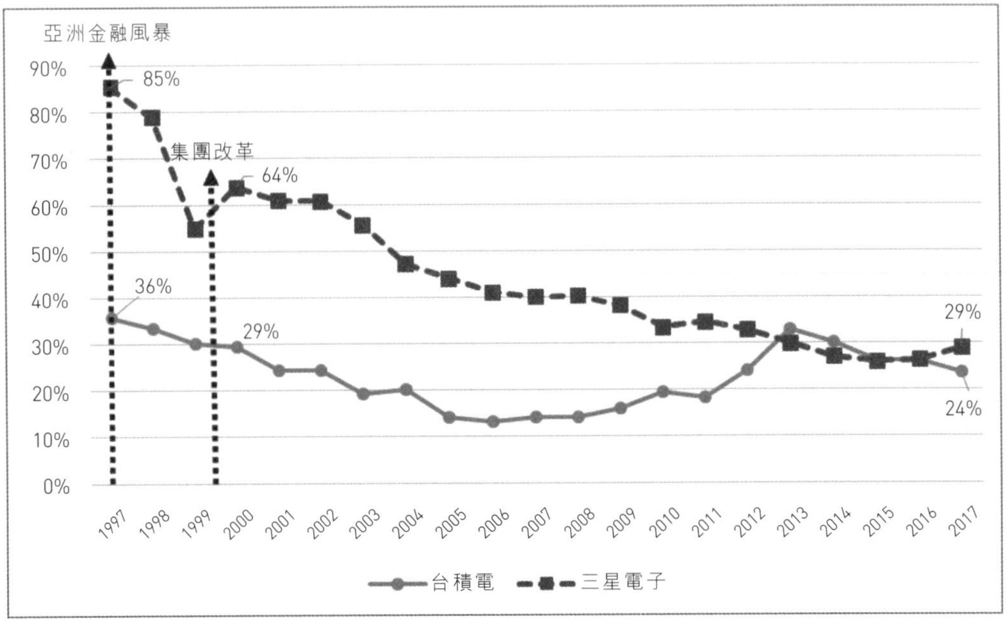

為此，三星進行集團財務體質改革，有計畫地壓低長期負債的比率。在 2000 年時，三星的長期負債比率已經由 1998 年的 48% 降低為 14%，整體負債比率也下降到了 64%。而隨著三星多角化的經營，集團營運逐漸穩定，近五年來三星集團的長期負債比率更是在 5% 以內。2017 年三星集團的長期負債占總負債約 3%，流動負債占比約 77%，財務結構相當穩健。值得一提的是，三星的整體負債比也僅剩 29%，可見三星勇於認錯的魄力和執行力（見圖 7-4）。

其實，台積電也是靠著「曲道加速」拉大競爭優勢的範例。請

圖 7-5　三星現金流量

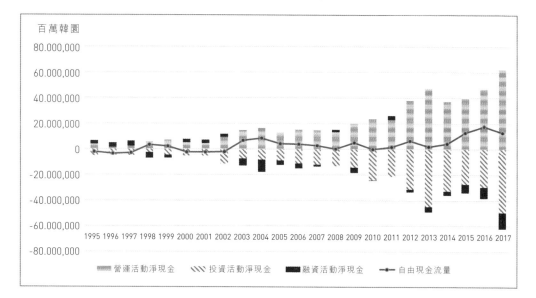

百萬韓圜

參考圖 7-2 與圖 7-3，並參閱第九章中對張忠謀先生「勇」的討論。

　　再更進一步檢視，在 2002 年之前，三星的營運活動淨現金還不足以支撐投資活動所需，自由現金流量經常為負數（見圖 7-5），必須藉由融資活動來彌補資金缺口。但隨著集團及多角化經營的成功，加上手機等核心事業群逐漸成熟，三星近年來的自由現金流量已經轉正，營運活動的現金流入已經可以支撐投資活動所需。顯示三星除了調整負債結構之外，也鞏固了自己的現金流來源，使得三星不容易再陷入財務危機之中，甚至在景氣不佳時，仍深具財務彈性。

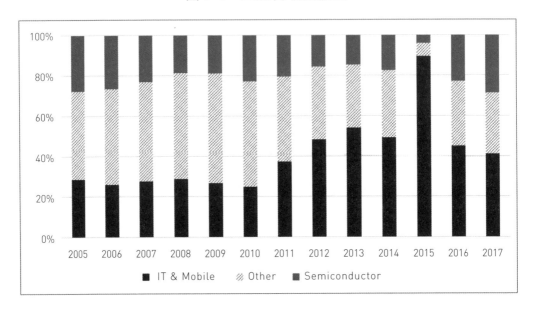

圖 7-6　三星營收貢獻比

100%　80%　60%　40%　20%　0%

2005　2006　2007　2008　2009　2010　2011　2012　2013　2014　2015　2016　2017

■ IT & Mobile　▨ Other　■ Semiconductor

　　由於三星採多角化經營，事業多元而複雜，因此閱讀及分析其財報中的「部門揭露」（segment reporting）非常重要（圖 7-6 及圖 7-7 揭露三星部門別營收及獲利）。在早期，三星的營收主要來自消費性電子產品以及產品服務，同時投資半導體產業；但早期半導體產業競爭者眾，營業利益隨著景氣循環波動。2010 年後，隨著三星的手機品牌在市場上嶄露頭角，手機事業部門的營收占比逐漸增加，到 2015 年更是占當年營收的 89%。然而近年手機市場逐漸飽和，手機部門的營收貢獻便開始下滑。不過，由於虛擬貨幣等產業興起，使得記憶體廠商需求大增，三星半導體產品的營收比重又再度增加。

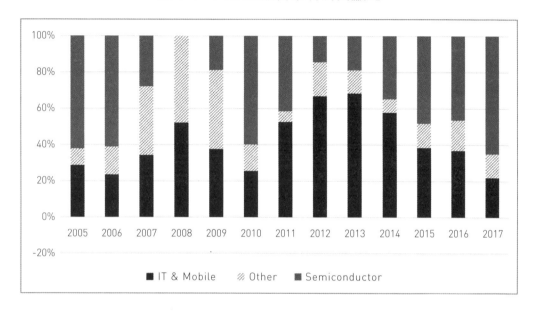

圖 7-7　三星產品營業利潤貢獻比

此外，晶圓代工是三星半導體事業群中的一小部分（約7%），
卻是台積電事業的全部。因此，以作戰決心而言，台積電完全沒有
退路，必然全力守衛其版圖。這種決心，雖然無形，卻極為重要。

台積電對三星電子

台積電和三星電子在晶圓代工市場上的競爭相當複雜。就以爭
取蘋果公司的訂單而言，就有多次來回攻防。例如，蘋果是三星能
發展晶圓代工的主要助力。當時的三星，是世界級的記憶體領導廠

商，蘋果的 iPhone 4 記憶體晶片、iPad 螢幕都由三星提供。三星為了不讓自己的半導體產能過剩，用較低的價格向蘋果爭取晶圓代工訂單，同時提供記憶體打折的優惠。因此，iPhone 從第一代晶片，一直到 iPhone 5S A7 晶片，都是由三星提供。但到了 2011 年，三星的 Android 系統手機，與蘋果的 iOS 系統手機展開激烈的競爭，隨後蘋果與三星又因為專利授權問題引發嚴重法律訴訟，這使得蘋果開始轉向報價通常較三星高的台積電。例如，iPhone 6 的 A8 晶片最後全部都由台積電代工。

失去訂單的三星急起直追，搶先推出 14 奈米製程，搶回 iPhone 6s A9 晶片部分訂單，但因為 iPhone 6s 被測試出搭載台積電晶片的機型，較搭載三星晶片的更省電，甚至引起消費者集體退換貨的行動。也就是說，即使三星在製程上領先了台積電，但在良率以及功耗上仍舊無法領先。這也讓台積電取得接下來所有蘋果的晶片代工訂單。像這樣反覆的訂單爭奪戰，未來仍將持續進行。

但截止 2017 年為止，根據拓墣產業研究院的報告指出，台積電在晶圓代工領域的市占率約為 55.9%，是世界第一；三星僅 7.7%，排名第四。

本章中，台積電與三星的競爭，僅由下列四個角度加以討論。

圖 7-8　三星與台積電之營收比較

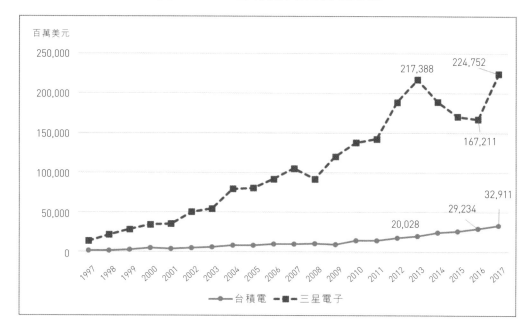

1. 規模與複雜度上的差異

　　雖然三星與台積電同樣在晶圓代工中互為強勁的競爭對手，但三星不是單純的晶圓代工廠商，而是規模更加龐大，橫跨半導體、液晶面板、消費電子（手機、電腦）等不同領域的大型綜合性公司。因此不論是在營收或是獲利上，與台積電的規模都相差甚遠。即使2013年後因智慧手機市場逐漸飽和、競爭激烈，三星的營收開始下滑，但在2016年時仍有1,672億美元的營收，是台積電的5.7倍；而2017年因區塊鏈等產業興起，帶動記憶體相關產業復甦，三星的營收再度飆高到2,247億美元。

三星規模之「大」與複雜，至少有三個重要意涵：

- 如此規模龐大的企業能夠維持有效率的運作，三星的執行力值得欽佩。

- 三星為了爭取顧客晶圓代工之訂單，可以靈活提供在其他領域的智慧財產專利或產品降價（如記憶體），形成一個有競爭力的配套組合（package）。

- 如此橫跨於多領域的企業組織，培養吸納了多元的國際化人才，也是培養總經理的好地方，這是其跨足於其他領域的重要憑藉。

2. 組織文化上的差異

在市場競爭中，三星由於跨足多個產品市場，成了許多人的敵人。而台積電提供製造服務，並未涉足終端產品，定位是做每個人的朋友（詳見第九章）。在多年來訪談許多企業領袖後，我發現三星是極少數會激發強烈「商場嫌惡感」的企業。所有競爭對手都對三星強大的執行力及堅強的求勝意志力非常佩服，但對於三星為了求勝，採取種種迂迴於企業倫理灰色地帶的競爭手法，則非常嫌惡。三星強大的技術能力和難以恭維的企業倫理口碑，形成強烈的

對比。然而在晶圓代工商業模式中，由於牽涉顧客極機密之智慧財產權，企業倫理與信任等無形因素就變得相當重要。這是台積電組織文化上的長處，也是三星的缺點。

3. 毛利率的差異

　　由於台積電是專注於高附加價值的晶圓代工廠商，因此毛利率都能維持在 50% 左右的水準。三星雖然也有晶圓代工的業務，但集團內仍有其他消費性電子產品，毛利率較低，故會將集團整體毛利率拉低。2000 年代，三星的毛利率都低於台積電 10% 左右，直到 2010 年後隨著智慧型手機的興起，且手機部門在三星的營收占比逐漸升高，三星的毛利率些微爬升。2013 年後，雖然智慧型手機競爭逐漸飽和而失去動能，但因記憶體相關市場再度熱絡，記憶體等高毛利產品的貢獻提升，使三星的毛利率大幅增加，至 2017 年已超過台積電，到達 55% 的水準。

　　台積電除了在新製程上透過持續大規模研發以保持優勢，取得高價格且高毛利率的訂單之外，如何善用成熟製程也非常關鍵。因為並不是所有的廠商都像蘋果一樣，需要有最新的製程來製造晶片；匯集許多中小型客戶，對於成熟製程依然有大量的需求。此外，台積電所有的製程都是自己研發，有能力根據客戶的需求提供客製化服務，減少調整設計後出現瑕疵的可能性，這是其他許多依靠

圖 7-9 三星與台積電之毛利率比較

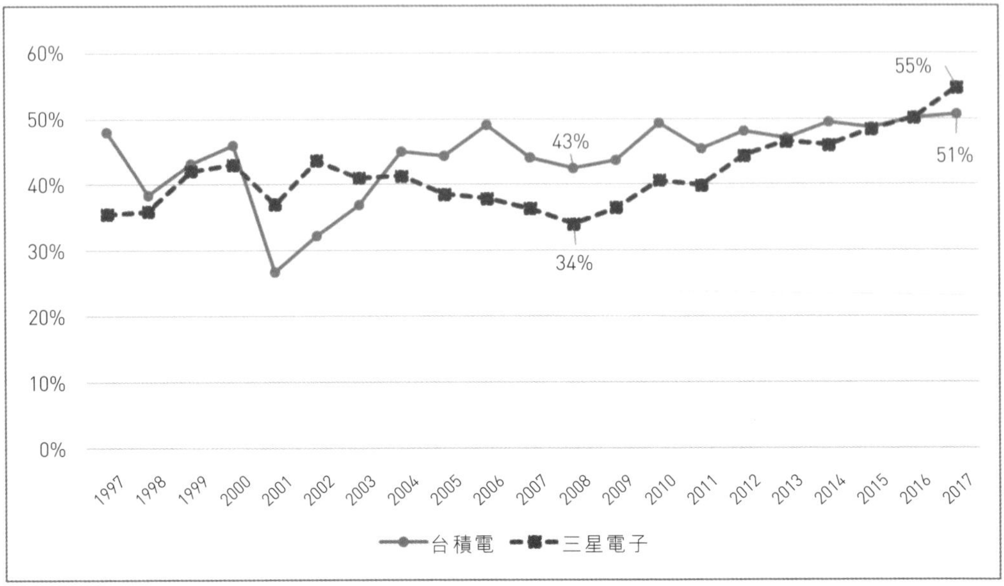

技術授權的廠商無法辦到的。例如，台積電所公布 2018 年 8 月 14 日董事會決議，資本支出新台幣 1,364 億元中，就明確列出「轉換成熟製程產能為特殊製程」。這種善用既有固定資產及成熟製程的管理能耐，也是維持毛利率不墜的重要原因。

4. 創造市場無形價值的差異

　　雖然三星的規模非常大，又能橫跨多種產業，競爭力極強，但

圖 7-10 三星與台積電之市場價值與帳面價值比

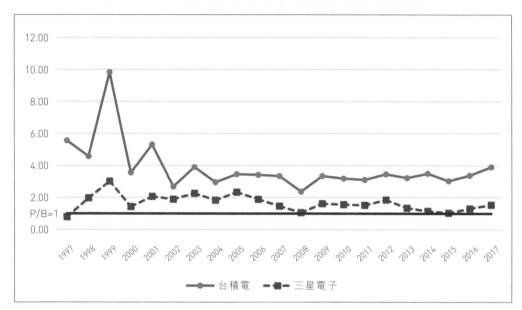

由圖 7-10 中觀察三星與台積電的股價淨值比，可以發現三星的比率都在 1 至 2 倍之間徘徊，而台積電的股價淨值比卻接近 4。以投資的角度來看，三星所創造的無形價值其實相當不理想。部分原因可能是因為三星土地、廠房、設備的投資金額非常大，固定成本極高，風險較大；如果技術投資方向錯誤，要轉型也相對較困難。上述種種因素，降低了其投資價值（當然公司治理的缺失也是部分原因）。

圖 7-11　艾司摩爾與尼康之市值比較

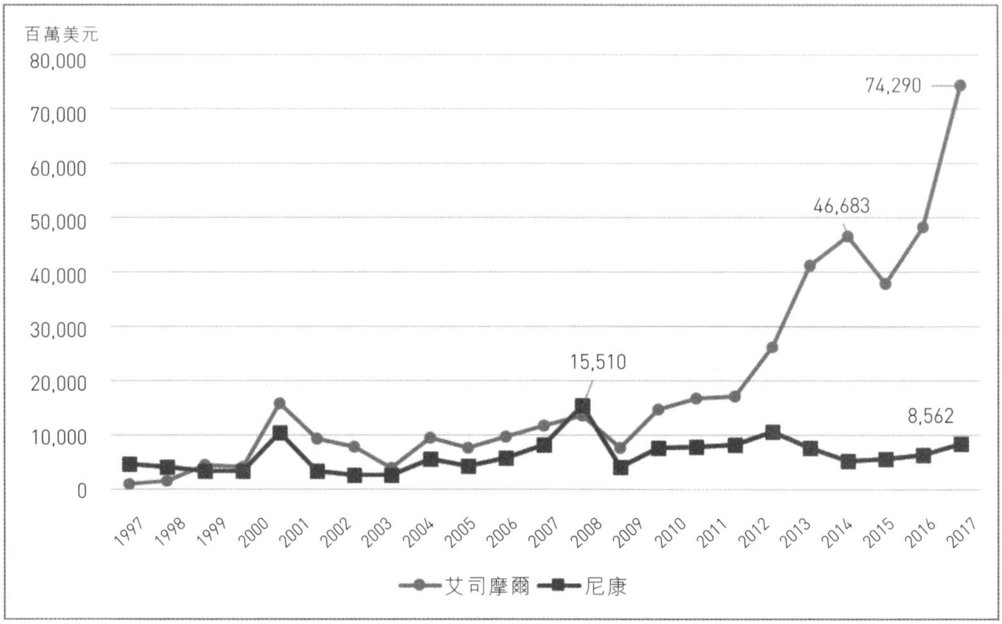

艾司摩爾對尼康

　　荷蘭的艾司摩爾公司（ASML Holding N.V.），曾是毫無媒體知名度的全球半導體顯影設備領導廠商。2012 年，艾司摩爾的「顧客共同投資計畫」（Customer Co-Investment Program）讓全球三大龍頭（英特爾、台積電、三星）紛紛投資鉅額入股（英特爾投資 51 億美元，取得 15% 股權；台積電投資 11.14 億歐元，取得 5% 股權；三星電子投資 7.78 億歐元，取得 3% 股權），這才讓它聲名大噪。由圖 7-11 可以看出，艾司摩爾由 2012 年起市場價值快速成長，而尼康（Nikon）則毫無起色。

圖 7-12　艾司摩爾與尼康之營收比較

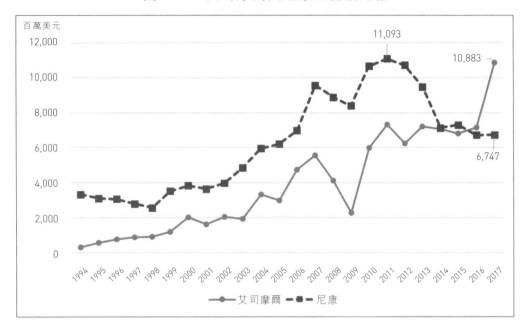

2000 年左右，艾司摩爾評估 TFT-LCD 與半導體都是未來極為看好的產業，一個選項是將資源平均分配在這兩個研發項目，但艾司摩爾考慮到半導體製程有愈做愈精微的趨勢，未來技術突破的難度越高，投資也會愈來愈大，分散資源恐怕兩頭落空；因此最後決定把資源集中在半導體領域。但當時半導體顯影設備還有一位強勁的對手，是來自日本的尼康。觀察圖 7-12 我們可以發現，尼康在 2000 年時營收有近 39 億美元，而艾司摩爾只有 20 億美元左右。然而，由 2017 年起，艾司摩爾營收大幅超越尼康，成為半導體設備產業的「上駟」。

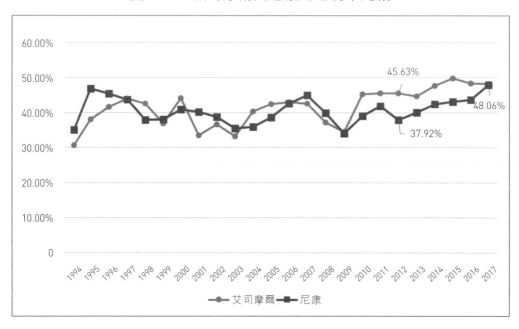
圖 7-13　艾司摩爾與尼康之毛利率比較

　　艾司摩爾躍升為「上駟」的核心能耐，是善用「開放式創新」（Open Innovation）。除了本身擁有的先進技術之外，艾司摩爾將產品細分為各種零件，並專注於研發生產自己拿手的部分，其餘零件則交由其他更專業的公司生產。例如，艾司摩爾最先進的極紫外光線刻機（EUV），最主要的零件是光學鏡頭，由德國蔡司公司提供，占其生產成本 20% 以上。艾司摩爾在半導體曝光設備的自製率只有 15%，其餘 85% 則交由其他更專精於該零件的公司生產。比起垂直整合，這種專業分工的方式讓艾司摩爾的產品可以快速量產，且能掌握出貨日期。艾司摩爾整合全球的策略夥伴，以卓

越的專案管理能力，讓研發能有效率的進行，並結合全球傑出的零組件供應商，共同創造突破性的產品。

相對的，尼康是高度垂直整合的公司，它的半導體設備部門堅持使用光學部門的鏡頭，這種封閉式創新雖然有清通整合的便利性，但缺點在於未能結合全球最佳的供應商。2001 年尼康的半導體曝光機在全球有 41.6% 的市占率，艾司摩爾只有 22.4%。到 2016 年時，艾司摩爾的全球市占率高達 80%，尼康只剩 10%。

這種專注研發，並結合零件供應商的策略，讓艾司摩爾營收獲利都不斷成長。2016 年，艾司摩爾的營收首次超越尼康；2017 年則是受惠於顧客要求提前出貨與提早認列收益，營收淨利都創下歷史新高。

解讀毛利率的陷阱

若我們觀察艾司摩爾與尼康的毛利率變化，可以發現艾司摩爾的毛利率不斷上漲，由 1994 年的 30.72%，到 2017 年已成長至 48.3%。另一方面，尼康的毛利率在近年也逐漸上揚，但這其實是假象。尼康原本大部分的營收來自數位相機等相關產品，但自 2012 年起，尼康的相機等相關產品收入就不斷衰退（如圖 7-14），變相使得該部門的占比也不斷減少，導致高毛利的半導體曝光機占

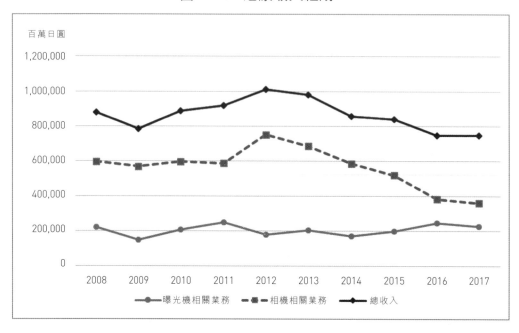

圖 7-14　尼康收入組成

比逐漸增加，才使得整體的毛利率提升。2012 年，尼康數位相機部門營收占比約 74%，曝光機部門占比約 18%；至 2017 年已變化為數位相機部門營收占比約 51.2%，曝光機部門占比約 33.1%。

這也讓我們發現毛利率的提升，不一定都是好事。以尼康而言，毛利率提升的背後代表兩件重大壞消息。一是原本依靠的低毛利率相機設備業務不斷萎縮，才造就了毛利率的上漲，這代表尼康原本倚重的業務正不斷衰退，若不能加以改善，則企業未來的前景堪憂。二是在整體營收都衰退的情況下，高毛利率的曝光機業務營收卻大致持平，相對於艾司摩爾的急速成長，尼康的曝光機業務等

於是變相衰退，也無法帶動整體毛利率更上一層樓。由此可見，當我們在判讀財務指標時，不能單就某一指標做分析，還要搭配其餘資訊，才能做出完整的判斷。

2013 年，艾司摩爾前任執行長艾瑞克（Eric Meurice）卸下執行長職務，轉任董事長；新任執行長則由原本的財務長溫尼克（Peter Wennink）接任。前任執行長艾瑞克是技術起家的經理人，曾在英特爾、ITT 半導體、戴爾等公司擔任管理階層，最後於 2004 年擔任艾司摩爾的執行長。而這次，艾司摩爾由財務出身的彼得接任執行長，最大的原因便是前面提到艾司摩爾與半導體巨頭們的合資計畫。藉由這份計畫，艾司摩爾除了在重點轉型研發的期間獲得充足的資金，更重要的是確保了未來的市場，獲得半導體產業中三大領導廠商的支持；也因為半導體的重要客戶都已經確保下來，也變相限制了競爭對手的發展。此種取得資金、降低風險、綁住客戶、阻絕對手的戰術，是讓艾司摩爾站上高峰的重要利器。而促成此一重要財務計畫的財務長溫尼克，自是不可多得的將才，也讓我們看到，專精財務的經理人，也可以對企業產生深遠的影響。

博通對高通

2018 年，半導體產業最經典的攻防戰役案例，莫過於博通（Broadcom）計畫併購高通（Qualcomm）。

博通前身為安華高（Avago Technologies Limited），創立於1961 年，原本只是隸屬於惠普的半導體部門，2005 年才從惠普獨立出來，成為一家公司。陳福陽（Hock Tan）於 2006 年擔任安華高的執行長，在十多年間，透過不斷的併購，陳福陽將安華高的市值從 35 億美元擴展到一千多億美元。並且在 2015 年，以 370 億美元收購博通後，合併為博通有限公司（Broadcom Limited），成為全球最大的無線網路晶片廠商。

高通則是一家創立於 1985 年的無線通信公司，為全球前五大

圖 7-15　博通與高通近年市值走勢

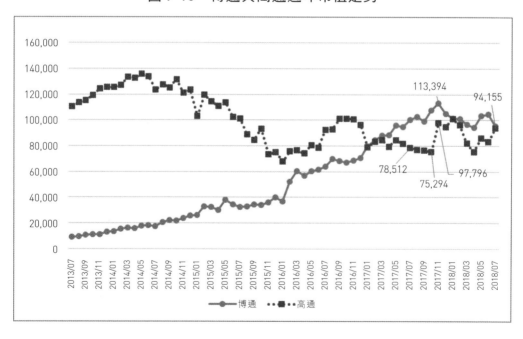

半導體廠商之一，也是智慧手機晶片的領導廠商。

博通與高通，是兩家互為競爭對手的半導體的公司，它們之間的紛爭起源於 2017 年 11 月。當時，高通與蘋果因專利侵權互相提告，在這樣看似無止盡的訴訟過程下，高通的股價應聲下跌。博通就是看準了這股下跌趨勢，打算收購競爭對手高通。這無疑是希望透過收購高通，來互補博通不足的部分，讓博通成為半導體方案最完整的供應商，為博通帶來更大的利益。

因此，在 2017 年 11 月，博通提出了以每股 70 美元、總價值高達 1,300 億美元的價格收購高通。不過，這份提案很快便遭到高通董事會的拒絕。

然而，博通並未因此打住。2018 年 2 月，博通提出了新的併購提案書，除了收購價格從每股 70 美元提高到每股 82 美元外，更在提案書中，詳盡完整的分析高通應該被博通收購的原因；而高通也根據內容發表聲明回擊，兩者展開了激烈的攻防戰。

博通的主攻 —— 高通無法創造股東價值

在博通的提案書中，主要重點攻擊的，便是質疑高通能否繼續創造股東價值。首先，博通認為高通的股票價格嚴重表現不佳，因

為高通的五年平均股價報酬率下降了 8%。這樣的表現在 S&P 500 中排行第 433 名，屬於後 9% 的公司。而博通的五年平均股價報酬率為上漲 664%，在 S&P 500 中是排名第 7 的公司，有著前 1% 的表現。

再者，高通並沒有將其在 4G 的領導地位，轉變成股東價值。高通的執行長曾在 2010 年 3 月 2 日宣稱：「我們已經投資了 LTE[1] 技術，因此我們相信高通位於產品的領導地位……也因為高通曾經大量投資在 LTE 技術的開發上，因此造就了高通在 3G 科技的領導者地位。過去在 3G 的成功經驗，我們相信高通也會成為 4G 科技的領頭羊。」然而，2010 年至 2017 年，半導體產業的平均股價報酬率上漲了 255%；高通在這段期間的平均股價報酬率卻只上漲了 19%。同時，2010 年高通的稅前淨利占總收入的 46%，2017 年只剩下 32%。從這些實際的財務數字就可以看出，高通在 4G 上的領先地位並沒有轉換成股東的價值，如果投資在 LTE 的效果如此低落，那為何能宣稱未來在 5G 的領先地位就能轉變為股東的價值？

而整篇聲明最重要的就是 —— 高通的毛利率持續下降。因為毛利率的高低，反映著競爭力的強弱；在 IC 設計產業中，高毛利率是產品差異化下的成果。由於 IC 設計公司彼此的成本都差不多，因此高毛利並非來自較低的成本，而是較高的價格。差異化主要表現在兩方面：一是可以做出別人做不出的產品，二是可以比別人更

早將產品上市。高通持續下降的毛利率，對高通而言，是競爭力下降的警訊。

1999 年後，高通的毛利率曾不斷上漲，除了本身產品的優勢而取得較高的售價之外，還有一個原因是高通的專利權收入。由於高通握有大量專利權，以近乎壟斷的方式囊括了大部分的通訊技術相關產品，而專利權屬於高售價且低成本的收入來源，因此高通的毛利率便不斷拉升，甚至有長達八年的時間，都維持在毛利率 70%以上，相當驚人。

圖 7-16　高通與博通之毛利率比較

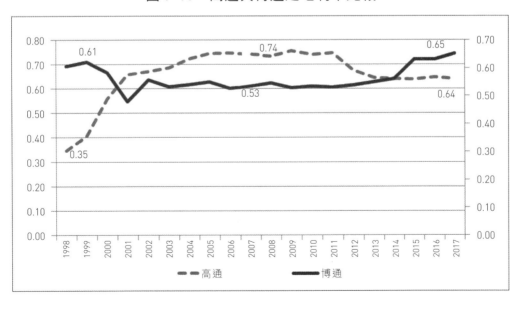

然而，這種依靠專利賺取暴利的方式，開始引起各方不滿。除了競爭對手的控訴之外，各國的發展委員會等政府組織也表達反壟斷的立場，並針對公平交易開始調查。在這些調查下，高通支付了大量罰款，並被迫降低專利的權利金收取價格。這些種種不利因素，都對高通的獲利有相當負面的影響，自 2011 年後，高通的毛利率便不斷下滑，到 2017 年只剩下 64%（見圖 7-16）。

　　而我們從圖 7-17 也可以看見，高通的專利權收入在 2015 年達到高峰，隨後便開始萎縮，之於總營收的占比也是自 2011 年後

圖 7-17　高通專利收入及占總收入比例

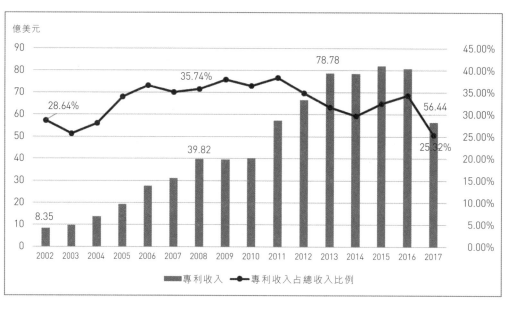

就開始下滑，2017 年只占整體的 25%。此外，2017 年高通被美國法院判決，認為高通對私人企業收取過多（overcharge）專利權費用，除了必須停止向企業主收取如此高額的專利權費用外，也必須替這些公司支付相關的仲裁費用。

博通的助攻 —— 高通連續失信

除了對毛利率的強烈攻擊之外，博通也對高通的執行長對外宣稱高通獲利成長、成本結構改善等等的保證，提出一項又一項的質疑，例如：

1. 高通曾保證為股東創造持久價值，但自 2015 年，每股股東報酬不增反減。
2. 高通表示 QCT[2] 部門營收將會成長，但實際上反而下降了 6%。
3. 2015 年，高通執行長宣稱：「高通將採取行動，大幅減少營業成本。而在這些行動下，高通每年可省下大約 11 億美元的營業成本。」但在 2017 年，營業費用只減少了 250 萬美元。
4. 高通預測 QCT 部門營業毛利在 2015 年至少成長 20%，結果只增加了 2%。

由此可見，企業高層在財報上任何的宣示，都會被檢驗是否能

信守承諾。

高通虛晃一招的防守

　　對於博通的提議，高通董事會提出兩點作為回應。一是認為博通提出的價格低估了高通的價值，沒有計入其近期併購以及 5G 事業上的潛在價值。二則是認為，博通沒有表現出必須完成交易的決心，以及沒有考慮交易若失敗會帶給高通的股東及顧客多大的傷害。這些回應看似對博通的質疑做出反擊，但其實並沒有根據博通的論點做出回應，而是迂迴的在併購價格及併購影響上做文章，可謂虛晃一招。

高通真實的主要防禦 —— 政治力量

　　雖然被博通批評的體無完膚，但高通也並非省油的燈。除了表態拒絕博通的收購提案，高通透過拉攏政治力量，阻斷了這場惡意併購。

　　2018 年 1 月 29 日，高通通知美國海外投資委員會（Committee on Foreign Investment in the United States, CFIUS），希望能由美國政府來審核博通對於重選高通董事會委員的提案。同年 3 月 4 日，美國財政部發布了一則緊急通知，根據《美國聯邦法規》31 C.F.R. § 800.401(c)，希望能擴大調查關於博通惡意併購高通的

層面。發布的內文表示，在過去一段時間，CFIUS 不斷與博通及高通兩方有所聯繫與溝通；也因此了解博通的確是具備惡意目的欲併購高通。在目前博通的併購提案下，以及任何其他可能讓博通與高通合併的情況下，美國政府都認為，此併購案可能對美國國家安全產生危害。

　　CFIUS 表示，高通在無線網路及通訊上的領先地位，來自不斷的投入研發與創新（研發費用的投入金額為全國第二，僅次於英特爾）。但若博通成功併購高通，在博通目前以如此龐大的融資金額來併購的情況下，博通必定有來自資本市場於短期內必須獲利的龐大壓力，因此非常有可能過度專注於短期績效，而忽略了長期的研發投資。長遠來看，都將損害高通的長期競爭力。特別是目前中國政府大力扶持 5G 技術，弱化高通在無線通訊技術上的領先地位，將讓中國有機會擴展於 5G 標準設定流程的影響力（中國華為占 5G 智慧財產權 10%）。若博通成功收購高通，將對美國國家安全有巨幅之負面影響。因此，CFIUS 認為，維持目前博通與高通各為兩家獨立公司的狀態，才是對美國整體而言最好的狀態。因此財政部 CFIUS 宣布高通董事會延期，並針對此併購案進行審慎調查。

　　2018 年 3 月 12 日，美國總統川普（Donald Trump）簽署行政命令取代 CFIUS 發出的聲明決議，以國家安全考量禁止博通收購高通以及任何形式的合併或購買，同時要求兩家公司必須提交終

止交易的書面證明。

結語

彼得‧杜拉克這句話非常真切：「任何一個人的成就主要靠發揮長處（perform only from strength），沒有人的成功只是因為改進缺點。」這其實就是《孫子兵法》中「勝於易勝」的道理。

在本章所列舉的案例中，所謂「勝於易勝」的精華，還是回歸到領導者透過苦思，先找到有機會取勝的契機，融合組織文化、策略聚焦、資源集中等眾多因素，創造「以鎰稱銖」的優勢，謀定而動不求輕率，所謂「勝兵先勝而後求戰，敗兵先戰而後求勝。」（軍形篇第四）此處的「先勝」，指的是廟算先勝，也就是事先的深入分析思考。

註釋

1. LTE（Long Term Evolution），長期演進技術。
2. 高通的業務經營區分為三大部分：CDMA（Code Division Multiple Access）技術集團（QTC）、技術授權（QTL），以及戰略性活動事業（QSI）。QTC事業部開發及提供相關技術系統軟體，QTL事業部負責IP組合授權，QSI事業部投資各個領域的初期公司。

參考資料

1. Peter F. Drucker, 2005, "Managing Oneself" *Harvard Business Review*.

第八章

絕地勿留，圍地則謀，死地則戰

某光電公司總經理　陳子兵

　　前往高鐵的路上，財務長巴倫打電話給我，語氣帶著擔憂：「麥克，公司月底戶頭現金不足三千萬，下週員工的薪資有缺口需要處理；另外付完本月薪資，預估後續幾個月的現金流也將不足營運週轉。」我心想，這眼前馬上要發生的現金缺口該如何處理？但口中仍不自覺地和巴倫說不用擔心，過去半年的挑戰我們都找到方法處理了，應該還有辦法的，你讓我思考一下。

五年前的錯誤策略

　　時間回到一年前，財務長巴倫找我討論。一進辦公室，巴倫說，

「麥克，我們目前的財務狀況非常危急，以既有營運數字做財務模型預估，公司將在一年內面臨無法繼續經營的情況。」我請巴倫把資料遞給我參考，巴倫繼續說著，財務資料顯示過去半年掠奪式價格競爭的情況越來越嚴重，最糟的情況是，或許公司將在近期開始有營運現金流出。我看了一下當月財務資料，手上現金 8 億，其中有長期借款 7 億、年中 6 月到期要還款，年底則有長期借款 3 億到期；短期借款 5 億，應付帳款 5 億，應收帳款 8 億。以資料來估計，成品存貨可能尚有價值可銷售約 1 億。巴倫說，如果公司預計付完年中長債與預期短借銀行「抽銀根」連鎖效應發生，將有現金缺口至少兩億於 6 月產生。這表示，我得先湊到 2 億度過年中；至於年底的另外缺口 3 億，還有總負債約 25 億於後續兩年到期，也接著需要處理。這個情況其實在我腦海裡已經想了兩年多，每個月我都在計算資金缺口要如何處理。五年前的錯誤策略，終究讓我們一步一步走向這個結局。

我進一步問到，公司目前最新收款營運現金流情況如何？巴倫告訴我，目前每個月的立帳支出至少約 1.2 億，營運現金流持續縮小至每月不足一千萬，甚至幾個月後即將轉負。以公司的收款情況，將無法支持產生足夠現金於年底還款，說得更直接一些：即使我們能想出辦法在年中過關，年底也至少會有 3 億的資金缺口。這數字等於宣告公司已被置於死地。這缺口，以募資而言不可行，因為沒有投資者會投資一家需要資金轉型來改善營運，但募資資金卻要立即拿去還款的公司；同時，掠奪式競爭的情況若無法證明可改善，

投資者面對大額的負債風險投資，肯定也避之唯恐不及。我心裡再度想到，八年前公司上市後因需求大增，連續三年每年翻倍年營收的營運增長，實際上是基於三年之間的大舉盲目資本投資；尤其最後兩年，公司在兩岸的設備與廠房投資，超過 65 億。雖然之後煞車喊停，且全力利用營運現金流和一次增資，償還了約 30 億的半數債務；但五年前的這一次戰略失算，造成的影響卻是致命的。

故勝兵先勝而後求戰，敗兵先戰而後求勝。
——《孫子兵法·軍形篇》

絕地勿留

凡用兵之法……絕地勿留，圍地則謀，死地則戰。
——《孫子兵法·九變篇》

回到兩年前。

我自己定期每一季度會看同行的財報數據，當時發現公司在既有事業競爭的客戶，已有轉移為大量製造、低成本、高資本補助、產業聚落群聚於中國製造的現象。因此我向董事會提出，公司面臨巨大略奪式價格競爭與債務還款壓力，必須逐步快速退出既有事業，縮小規模、降低營運週轉資金、且凍結傳統事業資本投資，全力轉

往公司核心技術衍生的新技術產品事業獲取收益。

董事會的大股東則提出疑問：媒體資訊顯示景氣持續上揚，中國同行企業的營收持續倍數增長，為何我們無法利用擴充來取得優勢？然而，中國政府在「十二五」規劃[1]的光電半導體補助計畫完成後，補助並未終止，預期後續五年的傳統產品供應仍將過剩。整個產業鏈已無懸念、全數移轉到中國地區，戰場影響擴散至韓國與歐洲客戶，此呈現兵法上困難之地，確實不可滯留。

最終，董事會同意我們在此戰場上面臨中國的特殊產業補助政策，訂單數量大且為規格品的市場競爭優勢逐年驟失，因而決議支持轉以技術整合服務產品為今後的長期經營方向。

圍地則謀

兵法：一曰度，二曰量，三曰數，四曰稱，五曰勝。
——《孫子兵法‧軍形篇》

再把時間拉回到一年前。面對財務長提醒的資金挑戰，我拿筆寫下：年中資金解決 7 億，短借可能快速抽銀根 6 億，立即缺口 2 億發生。我得先想辦法，看看是否能從資產出售、海外資金回收、存貨出清來解決問題。與財務長計算了一下，如即時處理成功，應

可度過年中 6 月這一關；但年底的 3 億，除非私募增資（連續虧損企業於資本市場的公開募資有限制），應該是過不了關了。巴倫問我，是否考慮與董事會討論最壞的情況？因為中國產業補助的競爭實在太強大了，如果無法取得私募增資支持，或許要準備停止營運或籌備資遣費了。

這一步絕對不是我的規劃。此時，我內心靜下來想著：這一步棋得如何進行？

盤點一下過去兩年，我們在策略上的布局：在產品市場面，新技術新產品經過兩年的發展，確實呈現小火苗的營收占比成長；市場上也陸續有應用適合採用此迥異於傳統事業的工藝技術產品，相關專利布局完整，技術團隊也維持完整。這樣持續發展下去，公司將往不同於既有產業的技術方案轉型，朝向複雜的整合製造服務，可與既有的產業鏈供應技術有所差異，同時應可避開國家政府補助的大量供應鏈轉移到中國的競爭模式。資金面上，新技術新產品的投資，是利用公司核心技術延伸發展，可利用公司過往設備改裝或小幅度投資，不需要太多新增資金，公司的既有人才評估也可往技術整合發展；這樣的模式，讓新進入者需要有一定的資本才能投入，既有競爭者也不適應這少量多樣的模式。可是，我要如何取得資金來支持團隊持續這個轉型發展呢？以目前國家補助持續未止、反而更兇猛的掠奪式訂價競爭，公司在傳統事業的營運將不可避免面臨資金流出擴大的趨勢。這樣下去，沒有持續的營運現金流入，也無

法支持公司轉型。

　　我在辦公室的白板上畫下四個象限（見圖 8-1），確認在第二、三、四象限的比例，與可能的營運現金流入情況、相關的技術延伸與產品，以及客戶。同時確認在第一象限縮減之下，公司的規模縮小是否有助於現金流入發展。如果我可以利用其他三個象限的發展，獲得現金流入支持新事業的增長，或許可以說服銀行支持幾年。最後，我寫下決定：海外可出售資產全數加速求售；年中的所有到期

圖 8-1　策略移動力（地）競爭地圖 —— 移動能量

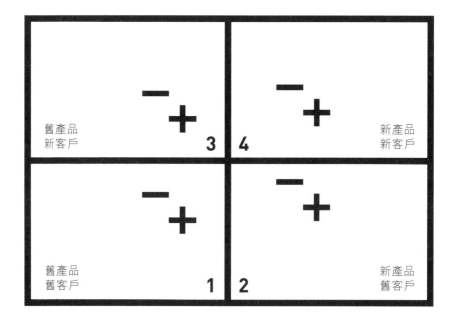

借款還款，並與銀行取得還息不還本的協議；同時依靠己身的新營運架構，來產生營運現金流以轉型度過這次死地。

死地則戰

> 昔之善戰者，先為不可勝，以待敵之可勝。──《孫子兵法・軍形篇》

消息一宣布，公司當月資金也從年初的 6 億，掉到僅剩不足五千萬。非財務的主管員工們聽到公司資金與銀行協議的消息，莫不負面思考，擔心公司營運出了問題。前一天，我已請秘書約好會議，向關鍵主管與員工說明公司未來一年的發展計畫和現金計畫──必須讓同仁對公司的營運安心，同時了解的公司轉型願景進度。此外，供應商與客戶也必定會有疑慮，故也預先做了說明。

然而，商場確實如戰場，變化動態而快速，預期之外的事會陸續發生。市場上認為我們在此財務情況下，面對掠奪式訂價競爭，一定無法持續經營；兩家長期合作客戶也突然以產品品質為刁難理由，當下扣款，瞬間應收現金便短少了四千萬。這下子，週轉金不足，立刻如臨深淵。

採購主管憂心地告訴我，幾家大供應商擔心貨款，要求公司付

現金才能供貨，不然要斷料供應；業務主管則反應，數家大客戶被競爭對手放風聲，說我們無法持續經營，因風險考量只好更改供應商，導致我們在一些有優勢的銷售市場面臨被斷料的風險。如此，不僅公司營運資金給瞬間卡死，連產生營運現金的機會都要被埋葬了。知道營運資金情況的財務人員更顯沮喪，眼前營運困難重重。

此時，我決定立刻親自拜訪幾位客戶，說明公司發展前景無虞，並提出可信任的營運方案，請求客戶予公司貨款給付支持；同時，與幾家供應商討論帳款延長，給公司半年過渡期，以取得短暫喘息週轉時間。回到公司內部，人才的穩定是公司能否不敗而尋求轉機的必要條件，我在辦公室的白板上寫下：給員工安全感、給主管願景和方向。

動盪期間，自然能感受到主管和員工們的憂慮。我不斷主動利用各種會議，說明公司的應對計畫、允諾員工每月生活無虞、公司有方案來支持營運資金，此時更需要大家和公司一起，針對新的挑戰，進行組織上的應變調整。期間一但有任何營運上的風險變化，我會主動並提早說明，不會自己跳船，請大家一起團結面對。

當財務長來電說明資金不足以給付薪資時，我則在心裡盤算著立即可籌資金的方案。之前全力出清海外資產救急，已全部處理完畢，僅剩的高資本投資廠房在海外並不容易立刻找到可出售對象，這肯定不能作為資金的考慮方案。那麼，既然已經確認無法與國家

的產業補助政策競爭，何不將上游產能再進一步砍半，將攤提結束的幾台量產設備割肉出售，先取得三千萬資金來支持營運短期週轉？另一方面，則與主管宣導，公司要關閉一半曾經是公司最有競爭力的營運部門與廠房，以刪除不必要的固定成本。此時我心中的營運主軸，就是要求自己忘掉沉沒成本，重新來過，集中資源發展已經耕耘了兩、三年的新客戶價值主張。

在這段期間，我也不斷地與公司主管們以會議溝通「策略移動能量」的想法，聚焦的主軸就是「先為不可勝」，嚴格執行四個象限的產品銷售策略，確保營運現金流入為正。銷售第二、第三象限呈穩定持平，為公司的現金流入維持好基本盤；公司發展的第四象限業務逐季增長，年增長呈現倍數成果；至於第一象限，則是控制大幅度減少，以降低現金流出。雖然營收降低，但隨著規模與營運四象限組合，公司逐漸脫離死地，現金逐月積累，開始有了正向動能。從死地暫時脫離，來自全體員工上下一致透明溝通與願景的規劃和實踐，讓團隊看到提出的新發展願景於每一季度中有進步，主管們對公司轉型的願景就會更有信心。但我心裡了解，公司經營轉折的挑戰尚未結束，如何把戰場轉移到「敵不可攻之處」還需努力；此外，待敵之可勝的產業競爭環境大勢何時會再度轉變？我需進一步仔細思考影響產業競爭大勢的問題。

從失敗中學習

- ## 省思 1：這短暫的兩岸市占率戰役，為何產業鏈優勢的喪失如此快速？

> 凡戰者，以正合，以奇勝。故善出奇者，無窮如天地，不
> 竭如江河。
> ——《孫子兵法・兵勢篇》

重新環顧經營轉折的過程，其實非常短暫。創業後五年上市，大幅度於三年間擴充營運、增長快速，員工人數從 200 人快速增長到 1,200 人；之後則面臨突如其來的中國特殊地方債務支持之國家補助政策與戰略人才挖角，不覺埋下死地之險。表面戰術看起來，可能以為雙方一樣在中國接受地方補助設廠，擁有一樣的資源，原有優勢者應可持續掌握營運優勢；但卻沒有細察，實務上給予當地企業呈現的政府補助模式，與多重資本支持的差異。當自己以正規章法來看待產能擴充的價格戰，實際的競爭卻是不對稱的多變模式，競爭對手採取的兵法呈現主動造勢，用勢、得勢的快速戰略，掌握下游出海口市場資源，掌握國家貨幣超發之勢，槓桿地方補助、「城投債」基金、私募基金、創投基金等多重資本操作，快速利用時代背景下的資本優勢取得技術與人才轉移，可謂看之正軍，實則「奇兵」。

當時公司內部已發現市場產生結構變化，但針對中國企業的擴張，卻未能多加評估各種可能的戰法結果。內部討論仍著重於市場總量呈現穩定增長，雖發現對手取得規模補助後立即發動市場掠奪性價格戰，當下卻未進一步思考此模式最終將淪為拍賣賽局[2]。高資本設備投資的技術競賽，最終必由資金背景雄厚者拿之；團隊卻持續在既有市場上，藉由技術性能提升來維持競爭模式，著重於移轉到高階產品性能以維持產能利用率和產值市占率規模。更甚而加碼投資中國工廠與規模投資，期待取得與對手一樣的資產補助，將自己的資源移轉投入到對方主場上的戰場。一來一往，技術流失、資金流失，惡性循環加劇，中國企業逐季擴大取得既有市場的中高階產品市占。以兵法而言，中國企業的戰法更是槓桿加倍。這賽局原可停損，卻多花了三年投入資本，更使自己陷入圍地。

　　市場優勢的轉折之下，中國當地同業開始利用各種管道，表達願意與台灣企業合作，提出台灣企業可利用技術輸出，與中國合資成立公司，取得中國工廠股份。一方面，中國同業利用媒體宣傳這場產業戰役，台灣企業是沒有長期優勢的；另一方面，則有高層來台，私下與高階技術人才接觸、或邀請台灣高階人才至中國參訪工廠，讓高階技術人才了解這場高資本投資的競賽，台灣企業缺乏資金持續應戰，更進一步打擊技術人才的軍心，引導技術人才出售所學技術以取得個人的職涯發展轉型，加速人才快速流失。至此，已是圍入死地之處：資金取得不如對手，人才技術為對手取得，資訊競爭呈現一面倒的中國製造優勢。雙方優劣勝敗拉大，已呈「若決

積水于千仞之谿者，形也」的兵法大勢。

● 省思2：為何既有技術的提升與領先，無法取得營運上的現金流入？為何競爭對手可以低於我方的現金成本出售商品？是全體員工不夠努力嗎？

經過這五年的商戰，我也重新思考：企業的商業競爭主要為何？在時空大環境下，公司在經營初期受益於中國 WTO 開放十年期間，大量上游關鍵元件需求進口，以作為後段產品組裝出口；隨著外匯存底與貨幣超發的大發展時期，2005 年至 2018 年間增長 9 倍（見圖 8-2）。2010 年，中國政府全面以政策發展「進口替代」的補助產業發展計畫。針對面板、太陽能、LED 等的「十二五規劃」先行，「槓桿中國」已成為世界終端產品工廠與內需品牌發展「進口替代」的力量。「中國製造 2025」[3] 則進一步提升到半導體與自動機器、新能源汽車和智慧製造的「進口替代」。中國政府的國家政策補助與人才智財策略的競爭態勢，已從原本無法預測的「黑天鵝」，轉變成眾所皆知的產業破壞「灰犀牛」。

企業家面對這特殊的國家資本競爭，或可埋怨以對，亦或提升自己，進一步了解到商戰的目的，實則為企業滿足客戶所需價值未被滿足之處。持續十年的超發貨幣，讓中國產生了一個詭譎的產業情況，充沛資金支持戰略製造產業出口賺取外匯，因此過度投資導致產能過剩，殺價競爭慘烈；但同時，超發的貨幣也讓內需的相關

圖 8-2 2005 年至 2018 年中國貨幣發行 M2 趨勢表

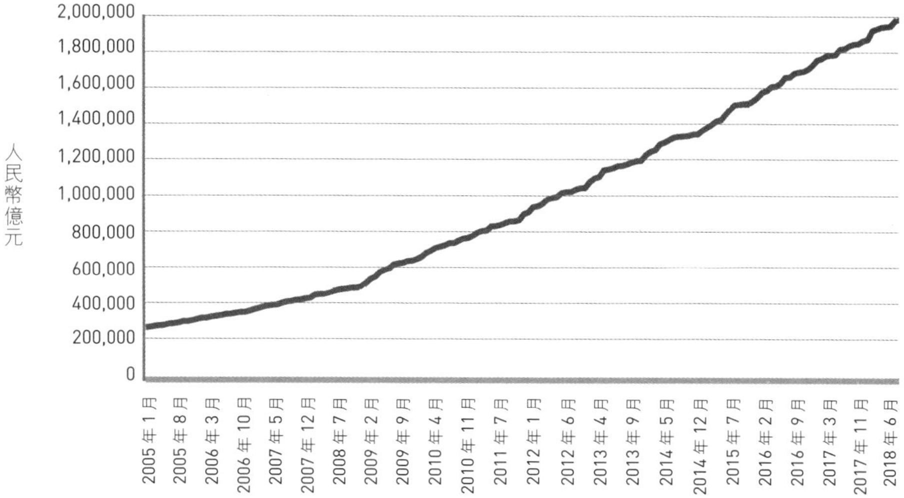

資料來源：Value500.com

貨品呈現價格增長的形勢，如房地產、金融相關資產增長的投資泡沫。

> 激水之疾，至于漂石者，勢也；鷙鳥之疾，至于毀折者，節也。是故善戰者，其勢險，其節短。勢如張弩，節如機發。
>
> ──《孫子兵法‧兵勢篇》

一旦成為中國政府中央政策支持選擇的產業，無論是初期的面板、太陽能、LED，到中期的安全監控、光學、手機通訊，或最新

的半導體產業，都是乘著趨勢東風，借了 WTO 貿易的順差勢、借了資金超發的勢、借了資本市場的勢，展示了快速增長的不可思議成果。

但另外觀察中國 2010 年後在國家補助戰略下，貨幣 M2 發行量與 GDP 比重的趨勢，可發現中國國家主導的投資與企業補助，自 2009 年後貨幣效率快速衰減；2017 年最新資料顯示，1 元的投資只能得到 0.5 元的收益。這樣的國家資本政策，讓上市公司或國家企業可得到超額資金來擴大產能，加大了產品通縮的情況；同時也帶給中國的中小企業與他國的企業莫大的競爭壓力。

圖 8-3　M2 與 GDP 增長

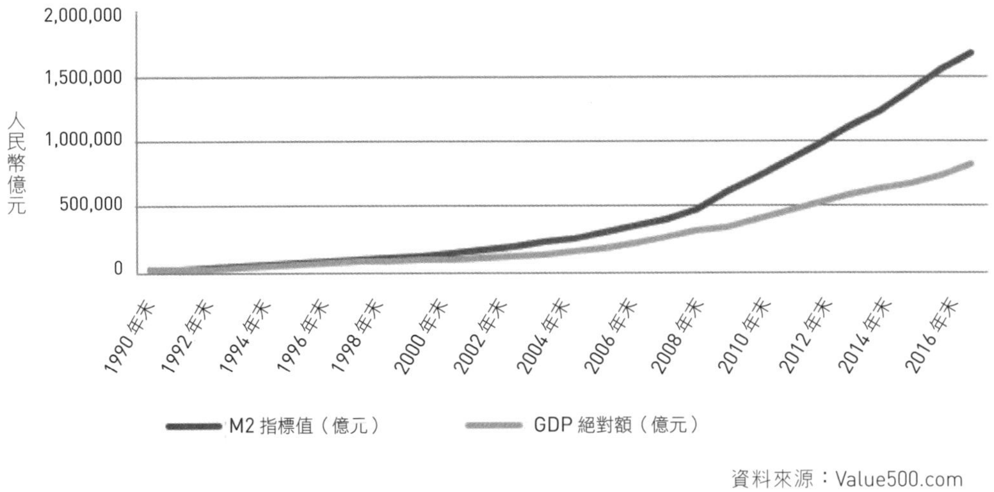

資料來源：Value500.com

- **省思 3：為何競爭對手的自由現金流量可維持長期負值，且擴大仍可取得融資、支持資金缺口？台灣企業面對政府資本支持的產業時，能維持正規軍競爭嗎？**

在此，進一步以同行，2010 年上市的 H 公司財報來做分析。

表 8-1　中國創業板 H 公司

人民幣	2010	2011	2012	2013	2014	2015	2016	2017	總合
營運現金流	0.47	-0.4	0.7	1	-0.2	-1.2	3.1	5.1	8.57
投資現金流	-2.1	-4.1	-7.1	-2.4	-2.2	-5.2	-6	-21	-50.1
自由現金流量	-1.63	-4.5	-6.4	-1.4	-2.4	-6.4	-2.9	-15.9	-41.53
融資現金流	3.6	2.9	4.8	5.1	2.1	7.3	3.3	20	49.1
營業收入	3.5	4.7	3.3	3.1	7	9.7	15.8	26.2	73.3

近三年政府補助

2018 上半年獲得政府補助約 4.5 億人民幣

2017 年獲得政府補助約 3.5 億人民幣

2016 年獲得政府補助約 2.6 億人民幣

在此可發現企業的資本投入，與國家貨幣 M2 和 GDP 有一樣的發展軌跡。每年擴大的自由現金流出，同時不間斷的融資支持，加上地方政府每年的特殊政策補助金額，呈現不合理的收益投資比，也證實了被選入中國國家資本補助產業的公司，戰略重點不在於實質盈利，而在於跑馬圈地，野蠻增長以取得產業規模與地位，這實非一般未有國家支持的民營正規企業可以競爭。

善戰者，先為不可勝

> 求之於勢，不責於人，故能擇人而任勢。任勢者，其戰人也，如轉木石。
> ——《孫子兵法·兵勢篇》

觀察公司的營運轉折，其實是讓自己更了解商場競爭的「奇正」情勢之變。企業領導者需謹慎處理所剩資源，選擇可持續經營的戰場，而非逞匹夫之勇或灰心喪志，仍於既有戰場廝殺。了解到中國在全世界製造出口的戰略定位，在大趨勢未變的情勢下，需避開國家補助重雷區，爭取時間等待情勢轉變。此時，保留持續發展的資源並尋求可用之「勢」為重。

> 故用兵之法，無恃其不來，恃吾有以待也；無恃其不攻，

恃吾有所不可攻也。

——《孫子兵法‧九變篇》

情勢未變之下，應思考可發展的客戶市場，專注於建立非立即可被取代的客戶價值營運模式，此為找到兵法上所謂「吾有所不可攻也」。重新以兵法來俯瞰全局，所謂「道天地將法」：道者，客戶需求面，產業位於持續需求增長的態勢；天者，整體的競爭勢落於擁有超發貨幣、可支持大量產業轉移複製的優勢方。此時在競爭過程中，面臨「補助」與「研發團隊挖角」等狀況，導致市場被新的製造供應鏈所滿足，實為可預測之事。面對這樣的競爭勢，「先戰而思求勝」所失去的資金與人才，都是社會資源的浪費。企業自需重新思考未能被取代的可能發展位置，而非執著於死地，鞭策團隊拼命犧牲資源。反之，領導者擬好戰略，主動創造新的優勢，領導團隊往新的趨勢發展，找到新的客戶被滿足 —— 此為「不可勝」之法。

兵者，國之大事，死生之地，存亡之道，不可不察也。多算勝，少算不勝，而況無算乎！

——《孫子兵法‧始計篇》

本文撰寫完稿期間，剛好美中兩國開啟了貿易戰，美國針對中國加入 WTO 後十八年，後期有越來越多商業界代表面臨不公平補助或強迫技術移轉競爭，因而向政府要求協助；同一時間，中國補

助政策轉向新一輪「中國製造 2025」計畫，聚焦於海外產業併購與國內發展半導體和人工智慧等關鍵科技製造。美國政府開啟了一系列貿易條件要求，其中關鍵三項：開放金融、降低美商投資中國的限制、停止政府補助產業政策掠奪式傾銷與保護智慧財產和停止竊取產業機密技術。談判期間，美國於 2018 年 7 月開始提出貿易施壓，第一輪先針對價值 500 億美元的中國進口商品加徵 25% 的關稅（原為 10%）；第二輪則可能擴大至價值 2,000 億美元的中國商品。

於此期間，公司的銷售產業鏈也面臨重大變化。當下客戶若是將終端製造工廠設於中國，在出口美國的產品項目中，第一輪估計有 60 億美元的產品被列入 160 億美元的關稅項目，需加徵 25% 的關稅。這項突發政策，導致相關的中國設廠客戶之需求瞬間凍結，於中國設廠的企業面臨國際化產業鏈組合或銷售布局重組；加上中國金融在 2018 年的情況變化甚大，供應鏈的資金緊俏也對我們的短期營運導入變數。這次的產業變化，將不亞於 2010 年的中國進口替代補助策略衝擊。中美兩國的貿易博弈，將重大影響公司短期現金週轉與中長期策略發展定位。

走過這一輪創業成長的死地之役之後，已理解商戰如兵戰，轉折勝負如一方取得絕對優勢，將迅速轉變，此為天勢。因此，面臨全球的最新貿易變化，怎能不如兵法所言，「夫未戰而廟算勝者，得算多也；未戰而廟算不勝者，得算少也。多算勝，少算不勝，而況無算乎！」眼下新事業的發展除了既有的發展挑戰，也同步面臨

到全球貿易供應鏈重置因素影響，雖暫置於死地，但產業大勢的新變化或可為所用，讓己「多算」擬定戰略，擇人任勢面對接下來的每一步企業戰略發展。

註釋

1. 「十二五規劃」（2011-2015），全名為「國民經濟和社會發展第十二個五年規劃綱要」。中國於 2010 年 10 月 15 日至 18 日召開第 17 屆五中全會，討論「十二五規劃」的編製，並交於 2011 年 3 月的兩會中審議後，付諸實行。「調結構」是規劃中心，並以「擴大內需」及「七大新興產業」作為調結構主軸。七大新興產業包括節能環保、新興信息產業、生物產業、新能源、新能源汽車、高端裝備製造業、新材料等。推算於「十二五」期間，七大新興產業每年至少約有 1.3 兆的投資，2011 至 2015 年間要實現 24.1% 的年均增速，2016 至 2020 年間要實現 21.3% 的年均增速。

2. 著名的博弈論專家——耶魯大學教授馬丁‧舒比克（Martin Shubik），設計了經典的「1 美元拍賣」商學博弈案例。在某個大型場合，一位拍賣人拿出 1 張 1 美元鈔票，請大家給這張鈔票開價。每次叫價的增幅以 5 美分為單位，出價最高者可得到這張 1 美元鈔票，但出價最高和次高者，要向拍賣人支付出價數目的費用。眾人興趣濃厚，「10 美分。」有人出價了。「15 美分」、「20 美分」、「50 美分」的叫價聲此起彼落。當叫價喊出「50 美分」時，節奏逐漸慢了下來，只有幾個人繼續叫價。最後只剩兩人還在叫價。最後拍賣的結果，是贏家可以 205 美分獲得那張 100 美分大鈔，淨損失 105 美分；最後的退出者付出了 105 美分，但什麼也沒得到。

3. 「中國製造 2025」，是中國政府實施「製造強國」戰略的首個十年綱領，該計劃於 2015 年 5 月 8 日由中國國務院公布。根據計劃，預計到 2025 年，中國將從「製造大國」變成「製造強國」；2035 年，中國的製造業將超越德國和日本等發達工業國家的製造業。該計劃所提及的重點發展領域包括：新一代信息技術創新產業、高檔數控工具機和機器人、航空航天裝備、海洋工程裝備及高技術船舶、軌道交通裝備、節能與新能源汽車、核能或可再生能源電力裝備、農機信息整合系統、奈米高新材料或模塊化建築、生物化學醫藥及高性能醫療器械。

曾國藩總結中國歷史的成敗經驗，說道：「辦大事者，以多選替手為第一義。」這個道理，放諸現代企業經營亦然。

　　2005 年，《財星》（Fortune）雜誌出版了 75 週年紀念特刊，選出美國商業歷史上最重要的 20 個決策。其中之一，是 1981 年奇異公司執行長瓊斯（Reg Jones）排除其他董事的反對意見，選中原本不在考慮名單內的威爾許（Jack Welch），成為奇異下一代接班人的決策。威爾許後來以卓越經營績效，被公認為 20 世紀最傑出的專業經理人之一。瓊斯說：「當你開始找尋接班人時，第一要務是不要找和你同一個樣子的人。此外，你要找一個適合未來競爭環境，而不是現在環境的人。」瓊斯與威爾許的確非常不同。瓊斯在奇異是由內部稽核員逐步升任到財務長，個性冷靜、溫和，一派紳士風度。而威爾許則是工程背景出身，個性熱情、鋒利，與奇異當時溫吞的企業文化格格不入。

瓊斯的慧眼是從哪來的？瓊斯曾任伯利恆鋼鐵（Bethlehem Steel）的董事，他當時已經看到美國大型的鋼鐵公司，因為技術、設備過時，組織反應遲鈍，在日本、韓國的競爭下節節敗退。奇異當時雖然仍舊賺錢，但瓊斯知道必須挑選一個能夠領導奇異進行大規模變革的新執行長。

　　《孫子兵法》認為大將的五大核心能力是「智、信、仁、勇、嚴」，不管是由企業內部培養，或者向企業外部求才，具備「智、信、仁、勇、嚴」特質的人才愈多，企業傳承成功的機會愈高。本書〈人才傳承篇〉特別收錄專文，討論台積電張忠謀董事長如何淬煉高階主管這五大核心能力。

第九章

淬煉「智信仁勇嚴」——
台積電的將才培育

台積電財務長　何麗梅

2018 年 6 月 14 日，我應台積電美西辦公室之邀，在他們的年度訓練課程中演講。美西是公司最重要的業務單位，占公司營收的三分之二，因此我決定好好準備這場演講。剛好在十天前，也就是 6 月 5 日那天，公司創辦人張忠謀博士交棒正式退休，因此我決定以創辦人張董事長在退休前對高階主管的一場演講「台積電為何成功」，作為演講的起頭。

在《財報就像一本故事書》（時報出版，2018）第十四章，我曾經提到：

公司的「問責」（accountability），展現於重視公司治理。公司治理的目的，是在維護各個利害關係人（stakeholders）的利益平衡。

台積電三個最重要的利害關係人為：股東、員工、社會。在平衡三類利害關係人之間的利益時，「人」是一個非常重要的因素。台積電的成功，有很多因素：創新商業模式、企業文化、價值觀和策略。但要長期成功，最重要的因素就是「人」。因此，在創辦人的這篇演講中，特別談到他對於選才、留才和升遷的理念。

選才要注重人格特質和技能

張董事長強調，選才要注重人格特質和技能。

人格特質包含誠信正直、敬業精神，以及與人一起工作的能力。技能則包括專業知識、工作經驗，以及對上、平行及對下等三個面向的溝通能力。張董事長提醒主管，不要太重視學歷和經驗，而忽略了人格特質和溝通能力。人才不是學歷也不是資歷，他做事的態度和精神占很大一部分。

而升遷最重要的考量則是潛力，而不是只依據過去的工作績效和努力。

評估一個管理者，要看他怎麼管理他的人、他的組織，還有他的企圖心、積極度和創意。幾年前在高階主管的升遷條件中，還加上了「器識」這一項考量。「器識」是顧全大局的一種思維，是否

把公司利益放在個人利益或單位利益之上。其實，也就是具備「問責」的擔當與否。

談到選才，就想起我自己的經驗。

1999 年我加入台積電，在加入前和張董事長面談了三次，最後一次是 1999 年 3 月，那時我已經決定要加入台積電了，因此他請我跟我先生在煙波飯店吃晚餐。席間，張董事長談到台積電找人是找「志同道合」的人，並說明什麼是「志」、什麼是「道」。「志」和「道」，就是公司的願景、使命和價值觀；「志同道合」的人，就是認同公司的願景、使命和價值觀的人。事後想來，表面上看似一次輕鬆的晚餐，其實也是面談的一部分。

我很欣賞台積電用人唯才的企業文化，在台積電十大經營理念裡的第一條「誠信正直」中，就有談到用人是依據公正客觀的標準選才，而不是靠關係。這一點在台積電執行得非常徹底，許多年輕人想進入台積電工作，有時也會透過長輩或某些認識的主管來推薦，我也偶爾會收到這類的請求；但履歷表送進人力資源單位之後，用人單位完全是依照工作需要和公司選才的標準來決定是否錄用，從來不會因為是誰推薦而有特殊不同的待遇。這個做法非常透明且行之有年，所以不會給用人單位、人力資源單位及推薦的主管造成任何壓力。

台積電如何訓練經理人

談到培育主管，一定要提到公司的「導師制度」（mentoring program）。公司在十幾年前外聘專業顧問後建立了這項制度，針對有潛力的主管，人力資源單位會協助安排副總級的主管擔任導師，為期一年。許多高階主管都曾擔任導師，透過導師制度協助公司內部優秀的人才成為更好的管理者。我自己在過去十幾年中，就擔任過二十幾位主管的導師，教學相長，彼此都有收穫。

張董事長非常注重人才的發展及培育，對於有潛力的高階主管，他甚自親自擔任導師，每月一次一對一的午餐會面，親自培育，至今已超過數十人。被他帶過的主管，都非常珍惜大師親臨教導，分享他畢生寶貴經驗傳承，如沐春風，無不深感榮幸！

除了一對一的導師制度，董事長偶而也會開課教授重要的管理課程。幾個月前我在整理資料時，無意中發現張董事長 1998 年在交通大學 EMBA 學程曾經教過一年管理課程的完整講義。我如獲至寶，立即分享給所有高階主管。講義內容包括企業願景、領導與決策、溝通、激勵、績效評估、策略規劃，以及世界級企業……等等。原來十多年來常聽張董談到的管理理念，二十幾年前就已爐火純青。

張董常利用他主持的幾個定期會議訓練經理人。首先，每個月初第一個星期三的中午，他會召集所有副總開午餐會議。在兩個小

時的會議中，他大概會花一個小時談他要傳達的訊息，其中包括公司當前最重要的事，有時他也會談管理議題，例如：學習金字塔、學習曲線、創新及策略思考……等等。此外，每一季有兩場主管溝通會議，由各單位副處長級以上的主管參加，每一場約有 200 人。張董會由較輕鬆的話題開始，比如最近看了甚麼電影、讀了什麼書……然後切入主題，說明他認為公司短、中、長期的挑戰以及因應方向，分享他對全球時勢、政治、經濟議題的看法，並回答大家的提問。透過他的分享，也提升了大家的視野。

最讓人難忘的訓練，是每一次和他開會，負責報告的人通常都會很緊張。因為張董十分威嚴，他專注聆聽，問題一針見血，若準備不足或沒有抓到重點，他的批評會很直接。但對於態度誠懇、虛心學習的人，他會很有耐性的教導。

我覺得最有效的訓練，是直接觀察他的行為：面臨重大決定時考量的因素為何，如何透過問問題澄清思想，如何把訊息變成知識，形成洞見、做出判斷的思辯過程。這整個過程非常仔細，反覆思考、務求考慮周詳，一旦做了決定就果敢地執行。

同時，對學習者來說，張董認為聽比說更重要。聽的時候要專注，邊聽邊想，不要只顧著抄筆記。他擅長用說故事或舉例子的方式讓你了解。如果真的聽懂了，應該反映在思想行為和習慣的改變上，否則就是沒有聽進去；常常我們覺得聽懂了，他卻覺得我們沒

懂，我想是因為他沒看到我們思想行為和習慣的改變。

如何訓練全方位經理人

　　許多產品公司透過「事業單位」（BU）的組織架構培養全方位的總經理，BU 的管理就像一間完整的公司，BU 的負責人相當於一家公司的總經理，負 BU 的損益責任。每個 BU 下有獨立的業務、行銷、研發、生產、財務、人事……等功能性的主管。公司培養人才的方法，是從表現優秀的功能性主管中，選出 BU 的總經理；再由表現優異的 BU 總經理中，產生公司的執行長。　我在一些重要的供應商或客戶中，常常觀察到這種現象，由財務長成為執行長的例子也有好幾個。

　　但由 BU 培養全方位經理人的方法，在台積電恐怕很難執行，因為我們獨特的商業模式並不適合把公司拆解成好幾個 BU。因此，台積電的管理架構是功能性的組織，所有副總幾乎都是功能性組織的最高主管。例如：研發副總、生產副總、業務副總、財務長、資訊長、人資長、法務長……等等。

　　這種狀況下，要培養全方位的領導人必須經過適當設計。工作輪調是有很效的方法，過去也一直在做，但因專業的限制，大幅度跨領域的輪調，例如把財務長調去管研發，有其困難。因此公司內

部有許多跨組織的委員會，透過定期的會議來溝通、討論、做決策。例如：資本支出委員會，決定產能的規劃及資本支出的核准；技術委員會，協調技術的發展及進程；還有新設備委員會、升遷評議委員會、風險管理委員會……等等。

這些重大決策的委員會，通常由董事長、執行長或副總擔任主席，成員包括相關業務的高階主管及幕僚人員。舉例說明：資本支出委員會由董事長親自主持，成員包含執行長、財務長、企劃部門、市場預測、業務開發、營運或研發部門的主管。資本支出的決策，要考慮市場狀況、客戶需求、產能規劃、競爭態勢、投資金額及報酬率……等等。在會議中，相關單位都要詳細說明，這個機制讓不同單位對一個決策的各個面向能有完整的了解。業務單位要考慮每筆生意的投資報酬率、生產單位執行的困難度，財務單位也了解客戶的需求及策略，而董事長聽取各部門的報告，經過討論，綜觀全局做出最好的決定。

我認為這是一個非常好的機制，可以訓練主管跨領域的知識，使高階主管具備董事長及執行長的視野及能力。這個制度的優點是集思廣益，但可能的缺點，就是意見太多無法整合。因此委員會主席的「當責」（accountability），就是要在諸多考量中做出正確的決定。

訓練經理人的「智、信、仁、勇、嚴」

接下來，我想由《孫子兵法》的角度，更進一步談談台積電如何訓練經理人。孫子強調，「將才」要有五個特質——「智、信、仁、勇、嚴」，亦即「智謀兼備，信守承諾，仁愛部下，勇敢果斷，治軍嚴明」。我想以幾個小故事，來說明張董事長如何訓練經理人具備這五項特質。

智

1987年，張忠謀博士應政府邀請創立一間半導體公司。當時台灣的半導體技術落後世界半導體水準甚多，研發設計及市場能力均不足，要創立一間什麼樣的半導體公司才有可能成功呢？他發現台灣有一個可能優勢，就是生產製造的良率（yield）還不錯。經過思考之後，他決定創立一間以生產製造為主的半導體公司，即「專業晶圓代工」（foundry）。當時知名的半導體公司都是自行設計產品、生產製造以及自己銷售，稱為「整合元件製造公司」，亦即 IDM（integrated design manufacture）。「專業晶圓代工」的商業模式，是只做「製造」這一部分，而不從事產品設計。這個創新的商業模式，改變了半導體產業的專業分工。有了專業晶圓代工公司的出現，半導體設計公司可以專注在產品設計研發上，不用擔心龐大的資本支出，因此大家都可以在自己最擅長的領域盡情創新，也帶動了過

去三十年半導體產業的蓬勃發展。半導體設計公司也成為台積電最重要的客戶，後來整合元件公司也逐漸將先進製程產品交由台積電代工，以增加其競爭力。因著客戶的成功，台積電也成為一家舉足輕重的半導體公司。

由於晶圓製造是半導體產業鏈中最為資本密集的一環，技術密集程度也相當於設計，因此投資報酬率的觀念非常重要。我們需要足夠的營業利益率以及資產報酬率，來支持龐大的研發費用和建置產能所需的資本支出。張董事長強調，在進行投資決策時，投入資本回報率（return on invested capital，簡稱 ROIC）是非常重要的財務指標，如何讓昂貴的資產充分利用、產能規劃適時適量、產能利用率保持高的水準、如何延長設備的使用年限，是公司持續獲利的關鍵。

台積電的商業模式，最重要的價值觀是：誠信正直以贏取客戶、夥伴及供應商的信任，以及不與客戶競爭。

三個最重要的策略是：

1. 技術領先 technology leadership
2. 卓越製造 manufacturing excellence
3. 客戶信任 customer trust

創新的商業模式、價值觀、策略，和其徹底的執行，張董事長集數十年半導體的經驗智慧，領導台積電在短短三十年間成為一家世界級的公司，這個偉大的成果恐怕連他也始料未及。

信

張董事長不斷教導我們，要實踐對利害關係人（stakeholders）的承諾。

誠信正直是台積電最重要的價值觀，台積電三個最重要的利害關係人為：股東、員工、社會。

對於股東的承諾，是透過股票增值及現金股利，創造令股東滿意的投資報酬率。股票長期的增值，絕對是來自公司良好的基本面，持續的獲利成長即為基本面的最重要表現。台積電非常重視股東的意見：股東要求股東會議案必須表決，不喜歡台灣公司用鼓掌代表通過，台積電便率先改為逐案說明、併案表決的方式，影響許多公司採用表決制；股東重視現金股利的穩定持續性，台積電信守「持續且逐漸增加」（sustainable and gradually increase）的現金股利政策，讓股東非常滿意。

對客戶，我們不輕易承諾，然一旦承諾，必赴湯蹈火全力以赴。

不和客戶競爭，保護客戶的智慧財產，是建立客戶信任最重要的基石。答應客戶的事，即使短期吃虧也會信守承諾，不輕易更改。

對員工的承諾，是提供學習成長的工作環境及優渥的薪酬。張董事長多年來堅持推動每週工時不低於 40 小時，也不超過 50 小時，兼顧員工工作與生活平衡已獲得良好的成效。同時，提供優良的工作環境及優於同業的薪酬，由員工離職率不超過 5％可得到證明。

對社會的承諾，是善盡企業公民責任，愛護環境、關懷弱勢，以成為「提升社會向上的力量」，作為典範。「遵守法律，不做壞事」是最基本的要求。台積電致力於綠工廠、綠建築的推廣，對於節能減碳、循環經濟，及供應鏈管理的推動不遺餘力。在公益慈善方面，透過文教基金會及慈善基金會，結合超過萬人的志工群，參與關懷社會弱勢教育及生活的各項活動。台積電獨創的公益商業模式，以公司的專業知識親身投入災害重建，取代直接捐款的做法，在八八風災、高雄氣爆、八仙塵爆及花蓮震災的事件中，親力親為、直接有效的協助受災戶恢復正常生活，贏得社會大眾的肯定和信任。

仁

張董事長非常關心員工，尤其是基層員工。記得 2009 年董事長回任後，發現公司有兩千多名派遣人力（也就是所謂「outsourcing」

的員工），由人力派遣公司僱用在台積電工作。他們的待遇低，不能參加員工分紅，向心力低、流動率高，形同公司內的次等公民。張董事長知道後非常生氣，堅持只要是台積電員工，不論是清潔工或是在工廠做最基層的工作，都應一視同仁，因此下令所有派遣員工必須轉為正職，並且派我去負責這項計劃。

派遣人力在當年很普遍，許多公司都用這種機制調節人力。開始進行改革時阻力很大，因為工廠主管擔心這批員工素質不佳，又怕失去用人的彈性；因此前後總共花了八個月時間，經過細膩的規劃、溝通、執行，終於把 2,400 名派遣人力經正常的聘用程序轉為正職。對於沒有錄用的人，我們也提供獎金，請人力派遣公司務必替他們找到工作。在這個過程中，董事長沒有任何一次問我做這件事要增加多少成本。因為在他心中，凡是違反基本原則價值觀的事情，不計成本也一定要把它導正，絕不妥協。

2018 年 5 月，在南科和中科舉辦的董事長惜別會上，有好幾位同仁是當年的派遣人力，他們特別當面表達了對董事長的感念，因為當年的這個決定，**翻轉**了他們的命運！

勇

張董強調，「risk-taking」（風險承擔）與「make hard

decisions」（做困難的決定）是高階主管必要之事。例如，充滿不確定性之下的重大投資案。

2009 年 6 月，張董事長再度回任執行長，之後幾年他做了幾個重大的改變。首先，他訂立了未來五年的財務目標：2010 年至 2015 年，營收獲利成長大於 10%，股東權益報酬率大於或等於 20%。在這個目標下，他大幅提高研發投資及資本支出，自 2010 年至 2015 年，研發費用成長超過兩倍，由 9.4 億美元成長到 20 億美元；研發人數也成長了 1.8 倍，由 2,800 人成長到超過 5,000 人。

資本支出在 2010 年之前的五年當中，幾乎每年都在 20 億美元左右；但自 2010 年起，每年的資本支出年年創新高，一路成長到接近 100 億美元，這個大膽的決定也帶來了豐碩的成果。公司的營收成長兩倍，（以下皆為台幣）由 2010 年的 4,195 億元成長到 2015 年的 8,434 億，稅後純益也由 1,616 億元成長到 3,065 億，股東權益報酬率每年都超過 20%，順利地達成五年計劃的財務目標。股票市值也由 2010 年的 1.8 兆，增加為 2015 年的 3.8 兆。台積電晉升為全世界前三大的半導體公司。

回想當年，這個大幅投資的勇敢決定並不是那麼容易做的。當時市場許多人都認為摩爾定律已趨緩，半導體未來成長將放慢，台積電市占率已經很高，成長空間有限；甚至連公司的董事會也對大幅增加資本支出提出質疑。張董事長據理力爭，向董事會仔細說明

他的策略及計劃：他認為，科技發展到目前為止，尚無任何東西可以取代矽晶片的使用。科技發展的目的是改善人類生活，半導體的需求一定存在，只要在既有基礎上深耕，一定可以繼續成長及獲利；這個觀點得到了董事會的信任及支持。剛好，2010 年至 2015 年這五年間遇上行動裝置的興起，帶動了半導體的強勁需求，台積電領先的先進及特殊製程技術，擁有全世界最大的產能，使公司在這一波的景氣中，成為行動裝置晶片最重要的生產基地。智慧手機的普及，大幅改變了人類的生活方式；台積電對世界科技產業的重要性也大幅提升。張董事長的果敢遠見，證明了只要目標清楚、策略正確、執行落實，還是可以再創奇蹟。

嚴

　　張董事長治軍嚴明，人人皆知。首先就是他的記憶力十分驚人，他經常提及幾十年前的事情，不管是德州儀器（TI）時代或者是早期台積電的故事，對於時間、地點、場景、人物、及當時對話的內容，都記得清清楚楚。

　　另外，董事長觀察一個人，有種非常獨特深入的直觀。他在問你問題的時候，同時也在觀察你這個人。他專注聆聽，也同時思考你為什麼會這樣回答，以了解你的邏輯跟你的價值觀。他問問題或陳述一個事件時，用字非常精準，同時也希望你的回答是確實而精

準的，你絕對不可能在他面前裝懂、矇混或顧左右而言他。他對部屬的要求很高，批評一向都很直率，這樣的訓練久了，漸漸的，我們對自己更了解，也更堅強了。

張董很注重會議的效率，開會一定要守時，目的要很清楚，參與的人都要有貢獻，會議當中決定的事情，要有很清楚的記錄及跟催（follow-up）。

許多人都知道，台積電的副總每週都要寫週報給張董事長。週報最好不要超過一頁，內容包含和工作有關的重要事項，以及你想告訴他的事情。他每個週末都要花兩個小時讀二十幾份報告，如果有幾位副總提到共同的事情、但中間有矛盾或模糊的地方，技術主管用了太多看不懂的艱澀術語、或提出公司營運上的重要問題，他一定會在週一早上的經營管理會議中提出討論，務求全盤了解，一定要有人負責解決。坦白說，許多副總對於每星期要交週報，都感到小有壓力。張董事長自律甚嚴，工作、閱讀、生活起居、運動休閒，一切按部就班井然有序。做重大決策時如泰山，收集資訊、反覆思考判斷，務求每個決定都盡量想得深、想得遠。這樣的態度，也形塑了台積人做事嚴謹，實事求是的企業文化。

我最近讀一篇文章，說一個意志力很強的人，一定是有紀律又有良好習慣的人，這一點在張董事長身上得到充分的印證。

延續台積電奇蹟

2018 年 7 月 10 日，是個特別的日子。這一天，台積電總部大樓更名為「張忠謀大樓」，並邀請張董事長回來舉行揭牌儀式。當天九點半，張董事長在接班人劉德音董事長和魏哲家總裁的陪同下，走到八樓他曾經工作的地方，懷念之情溢於言表；迎面而來的，是過去在董事長身邊工作的主管和秘書們。他親切地握手問候大家，雖然才退休一個月，卻好像見到睽違已久的家人一樣，場面溫馨感人！走到樓下大廳，數十位主管及媒體朋友已在現場等候，在熱烈的掌聲中，張董事長頻頻向大家揮手致意。

張董事長在致詞時指出，營運總部用自己的名字命名，心裡充滿了感激，其意義比領到退休金還要大很多。三十一年來，台積電的成功有很多原因，其中之一是所有同仁、主管群策群力；另一個則是台積電的價值觀，其中包含誠信正直、承諾、創新與客戶信任，過去是這些價值觀讓台積電能走到今天，未來也要繼續維持。

他也強調，台積電的使命，是做全球邏輯 IC 產業產能與技術的提供者，數十年來，這樣的使命沒有改變，現在也沒有看到要改變的理由。並且，台積電的競爭力在過去幾十年已經變強很多，以後還要變得更強，要讓優勢技術持續領先，還要提供優異的生產效率增加客戶信任。他也認為，台積電努力的成果，包含在資訊業界與文明世界裡，都做到了舉足輕重的地位；假如世界上沒有台積電，

全球數十億人口都感受不到今天的便利。但他也強調，這些成果對台積電同仁而言，是鼓勵，也是警惕。鼓勵是因為台積電能走到現在不容易，同仁們應該有很大的成就感；警惕則是這樣的地位很容易失去，因為現在的競爭者很多也很強，且不只是傳統的競爭者，還有國際外交政治等產生的複雜環境。

他認為，自己現在是台積電的旁觀者，對台積電所處的外在環境，包括商業競爭、國家傾力推動的產業發展政策，甚至更大的美中貿易戰爭，這些無法預測的情況與複雜度，一方面很興奮，一方面又為台積電捏一把冷汗；但他也強調，對台積電的同仁還是會很有信心，過去從來沒有失望過，未來也不會有。

劉德音董事長在致辭時表示，今天「張忠謀大樓」的揭牌，就是為了讓這一代台積人，以及未來更多世代的台積人，都能記取創辦人傳承下來的一切，並加以發揚光大，「我們一定會繼續努力，讓台積電的奇蹟一直延續下去。」

謝詞——忘己利他，照千一隅

　　《財報就像一本兵法書》終於完成。首先，我要感謝台積電財務長何麗梅，在寫完《財報就像一本故事書》的第十四章後，再度跨刀相助，撰寫本書第九章，分享張忠謀先生如何由「智信仁勇嚴」五個層面，淬煉台積電高階主管的商業智謀。此文完成後，承蒙張忠謀先生親自審閱微調，深感榮幸。感謝陳子兵（筆名）先生分享他面對「絕地圍地死地」的慘烈經驗，這些在困頓中的反省，最是血淚斑斑，也最是深刻難得的經營智慧。我同時感謝協助本書寫作及編輯的諸多人士：我的研究助理許文龍及劉乃熒；時報出版董事長趙政岷及主編陳盈華。在企業經營管理學習之路上，我感謝不斷指導啟發我的前輩們；他們分別是施振榮、鄭崇華、林信義、周俊吉、張孝威五位董事長。在中華文化的引導和啟發上，我要感謝辛意雲教授與愛新覺羅毓鋆老師（一般尊稱為毓老，1906-2011）。在佛法修行實踐之路上，我要感謝法鼓文理學院的釋惠敏校長及法鼓山中華佛教文化館的釋果諦法師。

　　本書的版稅，悉數捐給「台灣大學商學與會計基金會」；而本

書也將作為台大會計學系「問責與領導」系列叢書的第二冊。以《財報就像一本故事書》打好基礎，以《財報就像一本兵法書》刺激想像，對於提升經理人的商業智謀應該有所助益。本書嘗試著以財報闡述《孫子兵法》的智慧，但面對《孫子兵法》恢弘的思想體系，我的思慮分析仍然粗淺，行文論述更覺淺陋，期待未來能與更多「同修」切磋琢磨，大家一起精進經營管理智慧。

最後，我要感謝好友京都大學副校長德賀芳弘（Yoshihiro Tokuga）教授，在我身心俱疲之時，邀請我到京都大學擔任客座教授。由 2017 年 9 月起，在京都古城的三個月中，我走過一遍遍鴨川江畔，參拜過一座座斑駁佛寺。在行走與禮佛中，我找回完成這本書的澄靜和動力。在參拜京都諸多佛寺中，與日本天台宗開山祖師最澄和尚（西元 767-822 年），產生一種奇妙的感應。在京都北邊以杉林之美著稱的天台宗「三千院」中，我看見住持敬書最澄和尚「忘己利他」法語，內心大為震動。在超過一千兩百年歷史的天台

宗祖廟「延曆寺」中，看見一個碩大石碑，上面刻著最澄和尚為宣示培養佛教人才的重要性，所寫「照千一隅此則國寶」的蒼勁書法（見第二章的出處典故說明），更是備感激勵。我發願，餘生將以「忘己利他」之心，盡力栽培可以照亮周遭的人才。因為，人才放小光明，人傑放大光明，他們才是真正的國寶。

2017 年 6 月 7 日，婉菁剛滿 55 歲；在一個明亮的早晨，我緩緩地把婉菁的骨灰倒入法鼓山生命園區的泥土裡。我口袋裡的手帕，沾染著婉菁喜歡的義大利茉莉花香氣；我記憶中的畫布，塗滿著婉菁熱愛的瑞士崎嶇山丘。阿爾卑斯山上追逐野花的日子，已經是往事了；面向著少女峰的草地上，再也聽不見清脆的笑聲了。我已經失去了自己熟悉的影子，回憶與感恩揉成思念，點點滴落在婉菁所棲息的佛陀蓮花池裡。而我最後一哩路還正長，妳是蓮花我老翁，他日相逢仍相識。因為，我一直記得妳臨行前溫柔的叮嚀：「我不在的日子，好好過日子，好好做有意義的事。」

每天清晨，我還是獨自行走，去看一次又一次的日出。猛回首，胸口佩帶的哀傷，當此書成，已然舒展成佛國的一股清泉，潔淨甘甜。

財報就像一本兵法書──結合財報與《孫子兵法》，有效淬煉商業智謀 / 劉順仁著;-- 初版. -- 台北市：時報文化, 2018. 9；
面；　公分（問責與領導;2）

ISBN 978-957-13-7535-9（平裝）

1. 孫子兵法　2. 研究考訂　3. 企業管理

494　　　　　　　　　　　　　　　　　　　　　　　　　　　　　107014694

本書之版稅悉數捐贈予台大商學會計文教基金會

問責與領導 2

財報就像一本兵法書──結合財報與《孫子兵法》，有效淬煉商業智謀

作者　劉順仁｜主編　陳盈華｜編輯協力　黃嬿羽、石璦寧｜美術設計　陳文德｜執行企劃　黃筱涵｜董事長　趙政岷｜出版者　時報文化出版企業股份有限公司　108019 台北市和平西路三段 240 號 3 樓　發行專線─(02)2306-6842　讀者服務專線─0800-231-705 · (02)2304-7103　讀者服務傳真─(02)2304-6858　郵撥─19344724 時報文化出版公司　信箱─10899 臺北華江橋郵局第 99 信箱　時報悅讀網─http://www.readingtimes.com.tw｜法律顧問　理律法律事務所陳長文律師、李念祖律師｜印刷　勁達印刷有限公司｜初版一刷　2018 年 9 月 21 日｜初版十刷　2024 年 7 月 9 日｜定價　新台幣 350 元｜版權所有 · 翻印必究──時報文化出版公司成立於 1975 年，並於 1999 年股票上櫃公開發行，於 2008 年脫離中時集團非屬旺中，以「尊重智慧與創意的文化事業」為信念（缺頁或破損書，請寄回更換）